DEUTSCHE AKADEMIE DER WISSENSCHAFTEN ZU BERLIN
SCHRIFTEN DES INSTITUTS FÜR GESCHICHTE
REIHE II: LANDESGESCHICHTE
BAND 4

GERHARD HEITZ

LÄNDLICHE LEINENPRODUKTION IN SACHSEN (1470–1555)

AKADEMIE-VERLAG · BERLIN 1961

Erschienen im Akademie-Verlag GmbH, Berlin W 8, Leipziger Straße 3—4
Lizenz-Nr. 202 · 100/190/61
Gesamtherstellung: VEB Druckerei „Thomas Müntzer“ Bad Langensalza
Bestellnummer: 2083/II/4
Printed in Germany ES 14 E

INHALT

VORWORT

Diese Untersuchung der ländlichen Leinenproduktion Sachsens ist in den Jahren 1950 bis 1953 entstanden und von der Philosophischen Fakultät der Karl-Marx-Universität Leipzig als Dissertation angenommen worden; sie war in beschränkter Anzahl als vervielfältigtes Manuskript bereits zugänglich. Maßgebend für den Entschluß, sie jetzt in überarbeiteter und etwas erweiterter Form als Buch zu veröffentlichen, waren verschiedene Überlegungen.

Erstens die Tatsache, daß im Mittelpunkt der Arbeit die werktätigen Menschen stehen, vor allem die auf dem Lande wohnenden Leineweber und darüber hinaus die agrarisch tätige Landbevölkerung, deren Rolle in der Entwicklung der Gesellschaft darzustellen, deren Geschichte zu schreiben, ein besonderes Anliegen der marxistischen Historiker der Deutschen Demokratischen Republik ist. Wir verfügen bisher nur über wenige Darstellungen der Arbeit, des Kampfes und der Rolle der Volksmassen in der älteren deutschen Geschichte; um so wichtiger erscheint es, die bereits vorliegenden Ergebnisse auch einem breiteren Kreis von Interessierten zugänglich zu machen.

Zweitens kann man feststellen, daß die sozialökonomische Entwicklung der frühbürgerlichen Revolution in letzter Zeit stärker ins Blickfeld der marxistischen Geschichtswissenschaft getreten ist. Die sowjetische Forschung ist hier vorangegangen und die Historiker der Deutschen Demokratischen Republik haben Probleme der frühbürgerlichen Revolution in verschiedenen Beiträgen behandelt, wie sich auf und nach der Wernigeroder Mediävistenkonferenz gezeigt hat. Es bleibt zu hoffen, daß diese für die deutsche Geschichte so bedeutsame Periode auch weiterhin auf der Grundlage der Quellen erforscht wird; die vorliegende Arbeit gibt für ein begrenztes Gebiet einen Beitrag zur Wirtschaftsgeschichte der frühbürgerlichen Revolution und kann damit vielleicht weitere Darstellungen anregen.

Es gab aber noch einen dritten Grund für die Veröffentlichung dieser Arbeit. Sie ist entstanden in einem Forschungsseminar, das schon vor Jahren bestimmte Methoden kollektiver Arbeit und kameradschaftlicher Hilfe entwickelte, wie sie heute für die sozialistische Gemeinschaftsarbeit vieler Historiker typisch geworden sind und zur Bildung zahlreicher Arbeitsgemeinschaften führten. Das Forschungsseminar hatte sich die Aufgabe gestellt, die frühe Entwicklung der kapitalistischen Produktionsverhältnisse in Deutschland zu untersuchen und die von Jürgen Kuczynski vertretene Ansicht zu prüfen, die besagt, daß in Deutschland auf eine starke Entwicklung des Frühkapitalismus eine Periode der feudalen Reaktion gefolgt sei. Ich kam in der vorliegenden Arbeit — und das ist bei den anderen Untersuchungen des Forschungsseminars auch der Fall — zu der Feststellung, daß die Zersetzung der feudalen Produktionsverhältnisse in der Textilproduktion Mitteldeutschlands im 16. Jahrhundert sehr weit fortgeschritten war, daß sich zahlreiche Elemente kapitalistischer Produktionsverhältnisse deutlich abzeichneten, wie das für den Bergbau durch neuere Arbeiten ebenfalls unterstrichen werden konnte. Im Bereiche der Textilproduktion gilt das nicht nur für Mitteldeutschland, sondern auch für Oberdeutschland, Südwestdeutschland und Westfalen. Es konnte aber auch festgestellt werden, daß diese Ansätze kapitalistischer Verhältnisse in der Reaktionsperiode, nach dem Sieg der Fürsten über die Bauern, vor allem seit der Mitte des 16. Jahrhunderts, wieder zunichte gemacht wurden und daß sich im Zeichen des Ausbaus der zweiten Leibeigenschaft eine schnelle Refeudalisierung bemerkbar machte. Und schließlich darf auf eine vierte Tatsache aufmerksam gemacht werden: Die Geschichtsforschung in der Deutschen Demokratischen Republik ist in den vergangenen Jahren bedeutend gewachsen, und seit dem Abschluß der ersten Fassung dieser Arbeit (Frühjahr 1953) traten die Probleme des Übergangszeitraums vom Bauernkrieg bis zu den Agrarreformen des 19. Jahrhunderts immer mehr in den Gesichtskreis der Historiker. Daraus entwickelte sich ein lebhafter Meinungsstreit um den Charakter der Produktionsverhältnisse im gewerblichen und agrarischen Bereich. Selbstverständlich war dabei die Einschätzung des sozialökonomischen Inhalts der Periode der zweiten Leibeigenschaft nicht zu trennen von der Erforschung und Einschätzung der frühbürgerlichen Revolution, so wenig die Arbeiten auch koordiniert worden waren. Wer die Refeudalisierung abstreiten wollte, mußte sich auch zur Einschätzung des frühbürgerlichen Höhepunktes im 16. Jahrhundert kritisch äußern, d. h. einen Zusammenhang anerkennen, ohne den die These von Jürgen Kuczynski gar nicht verständlich gewesen wäre.

Im Verlaufe dieser Diskussion habe ich in verschiedenen Beiträgen versucht, Argumente und Materialien zur Bestimmung des feudalen Charakters der Produktionsverhältnisse zwischen Bauernkrieg und Agrarreformen zu bringen, Ausgangspunkt waren dabei auch die hier vorliegende Arbeit über die Verhältnisse der ländlichen Leinenproduktion und damit die Ergebnisse des bereits erwähnten Forschungsseminars.

Ich danke daher der Leitung des Instituts für Geschichte der Deutschen Akademie der Wissenschaften zu Berlin, daß sie die Arbeit in der jetzt vorliegenden Form für den Druck in der Institutsreihe angenommen hat, obwohl eine Veröffentlichung nach so langer Zeit allgemein nicht üblich ist. Ich habe bei der Überarbeitung alle mir bekanntgewordene Literatur berücksichtigt und auch neue Quellen verarbeitet, auf die ich von verschiedenen Seiten aufmerksam gemacht worden bin. Andererseits habe ich die von mir bereits veröffentlichten Ergebnisse nicht in aller Breite in die neue Fassung aufgenommen.

Mein besonderer Dank gilt den Betreuern dieser Arbeit. Das waren Herr Prof. Dr. H. Sproemberg, als dessen Assistent an der Abteilung Landesgeschichte der Karl-Marx-Universität Leipzig ich jahrelang tätig war und Herr Prof. Dr. H. Kretzschmar, der frühere Direktor des Sächsischen Landeshauptarchivs Dresden.

Die wichtigste Hilfe aber wurde mir durch Prof. Dr. J. Kuczynski zuteil, der durch die Einrichtung des ständigen Forschungsseminars die Voraussetzung für eine vertiefte Diskussion aller in der Arbeit behandelten Probleme schuf. Ihm und den Mitgliedern dieses Forschungsseminars, Rudi Berthold, Hildegard Hoffmann, Dietrich Lösche und Percy Stulz möchte ich daher herzlich für die unzähligen Hinweise und Ratschläge danken, mit denen sie die Entstehung der Arbeit gefördert haben.

Rostock, Januar 1961 *Gerhard Heitz*

EINLEITUNG

Bei der vorliegenden Arbeit, die in unmittelbarem Zusammenhang mit einigen anderen Untersuchungen[1] angefertigt wurde, bin ich ursprünglich von dem Versuch ausgegangen, an Hand der vorliegenden Literatur ein Bild von der Leinenproduktion Sachsens, besonders hinsichtlich der Produktionsverhältnisse in der Stadt, zu gewinnen. Dazu lag eine umfangreiche Literatur vor. Die städtische, zunftgebundene Leinenproduktion Sachsens ist von Gustav Aubin[2] und seinen Schülern[3] in jahrzehntelangen Forschungen durchgearbeitet und in den Zusammenhang der Entwicklung des deutschen Textilgewerbes gestellt worden. Hier ließen sich sicher noch Ergänzungen vornehmen, wenn man die landes- und ortsgeschichtlichen Arbeiten heranzöge, doch dürfte das Gesamtbild von Umfang und Ausbreitung der Zunftproduktion ziemlich feststehen.

---

[1] Es handelt sich um die folgenden Arbeiten: *Berthold, Rudi,* Zur Geschichte der Entwicklung der Produktionsverhältnisse in der württembergischen Zeugmacherei von der Mitte des 16. bis zur Mitte des 18. Jahrhunderts. In: Forschungsseminar Prof. Kuczynski, Arbeitsbericht Nr. 1, Manuskript vervielfältigt, o. J., 1952; *Stulz, Percy,* Zur Geschichte der Entwicklung der Produktionsverhältnisse in der ländlichen westfälischen Leinenproduktion in der Zeit von 1450 bis 1750. In: ebenda Nr. 2, o.J., 1952; *Lösche, Dietrich,* Zur Geschichte der Entwicklung der Produktionsverhältnisse in der Leinen- und Barchentproduktion oberdeutscher Städte. In: ebenda, Nr. 3, o. J., 1953; als Nr. 4 erschien eine gekürzte Fassung der hier vorliegenden Untersuchung. Vgl. dazu die Einschätzung bei *Motteck, Hans,* Zur Literatur über die Entwicklung der Elemente des Kapitalismus innerhalb der Feudalordnung in Deutschland. In: Zeitschrift für Geschichtswissenschaft. VIII. Jg., 1960, Sonderheft; Historische Forschungen in der DDR. Analysen und Berichte. Zum XI. Internationalen Historikerkongreß in Stockholm August 1960, S. 163 ff.; Motteck hat vor allem den gewerbegeschichtlichen Aspekt herausgearbeitet.

[2] Die erste Arbeit *Gustav Aubins* zu diesem Themenkreis erschien unter dem Titel „Die Leineweberei in Zittau, Bautzen und Görlitz. In: Jbb. für Nationalökonomie und Statistik, Bd. 104 (1915). Weitere Angaben in dem zusammenfassenden Werk von *Aubin, Gustav* und *Kunze, Arno,* Leinenerzeugung und Leinenabsatz im östlichen Mitteldeutschland zur Zeit der Zunftkäufe. Kohlhammer Verlag, Stuttgart, 1940c weitergeführt als: Aubin-Kunze, Leinenerzeugung).

[3] Näheres ebenda, S. 373ff.

Eine wichtige Aufgabe wäre ohne Zweifel eine marxistische Bearbeitung der städtischen Produktionsverhältnisse[4], doch zeigte es sich sehr bald, daß ein anderer Faktor von Aubin-Kunze und überhaupt von der Forschung völlig vernachlässigt worden war: die ländliche Leinenproduktion vor dem Zeitalter der Zunftkäufe, die Beziehungen zwischen Stadt und Land und die Folgen der einsetzenden Zunftkäufe für die Landproduktion.
Hier habe ich begonnen und versucht, durch Heranziehung der lokal- und landesgeschichtlichen Literatur, vor allem aber der Quellen selbst, eine genauere Vorstellung von den Zuständen der gewerblichen Produktion des Landes zu erarbeiten.
Einer der besten Kenner der erzgebirgischen Geschichte, speziell der Wirtschaftsgeschichte, hat vor einigen Jahren in einem programmatischen Aufsatz[5] die Aufgaben erzgebirgischer Wirtschaftsgeschichtsforschung dargelegt, doch hat der zweite Weltkrieg die dort geforderte kollektive Erarbeitung der Grundlagen einer solchen Wirtschaftsgeschichte verhindert. In diesem Aufsatz war der Leineweberei als eines bedeutenden Dorfhandwerks gedacht und auch die Erforschung des Handels mit Flachs und Garn als Aufgabe gestellt worden.[6] Die dort angedeuteten Aufgaben stehen auch für andere Bereiche Sachsens noch vor der Forschung.[7]
Die Literatur zur sächsischen und mitteldeutschen Landgewerbegeschichte ist ziemlich schnell zu übersehen. Vor 60 Jahren hat K. Krebs das Landhandwerk zur Zeit Luthers behandelt, im wesentlichen nach Quellen des südlich Leipzigs gelegenen Herrschaftsgebietes der Einsiedel.[8] Kurz danach erörterte B. O. Margraf Fragen des ländlichen Gewerbezwanges zu Beginn der Neuzeit.[9] Diese Arbeit Margrafs war eine Pioniertat, die bis heute keine Nachfolger gefunden hat. Selbstverständlich wird ländliches Gewerbe in den zahlreichen Arbeiten zur Agrar-, Sozial- und Wirtschaftsgeschichte Sachsens beachtet, und ich habe manche Einzelheit und manchen Hinweis daraus entnehmen können, aber im ganzen war die Ausbeute gering und stand in keinem Verhältnis zum Umfang der durchgesehenen Literatur.

---

[4] Inzwischen hat Kunze neuere Ergebnisse vorgetragen in „Beiträge zur Heimatgeschichte von Karl-Marx-Stadt", H. 4 (1955) und H. 7 (1958).

[5] *Sieber, Siegfried,* Vorschläge zu einer Wirtschaftsgeschichte des Erzgebirges. In: „Neues Archiv für Sächsische Geschichte", Bd. 61, S. 216ff. (1940).

[6] Ebenda, S. 230: „Handspinnerei und Leineweberei, besonders der Dorfhandwerker (Groß-Hartmannsdorf), sowie der Handel mit Flachs und Leinewand sind für das Erzgebirge wohl kaum noch erforscht."

[7] Allgemeine Bemerkungen zu unserem Problem finden sich bei *Jahn, Georg,* Zur Gewerbepolitik der deutschen Landesfürsten vom 16. bis zum 18. Jahrhundert. Phil. Diss., Leipzig 1909, S. 112ff.; dort werden allerdings nur die gedruckten Sammlungen der territorialstaatlichen Gesetze ausgewertet, so daß im einzelnen weitergeforscht werden muß.

[8] *Krebs, Kurt,* Das sächsische Landhandwerk zur Zeit Luthers. In: „Wissenschaftliche Beilage der Leipziger Zeitung", S. 553 (1896). Er benutzte dabei die Akten des Burgarchivs Gnandstein, dessen Bestände seit Jahren im Archiv der Karl-Marx-Universität lagern und durch Regesten bis zum Ausgang des 16. Jahrhunderts erschlossen sind.

[9] *Margraf, B. O.,* Der ländliche Gewerbezwang in Sachsen zu Beginn der Neuzeit. In: „Neues Archiv für Sächsische Geschichte", Bd. 30, S. 110ff. (1909).

Es ist daher nicht möglich und auch nicht notwendig, hier eine Zusammenstellung durchgesehener Arbeiten voranzuschicken. Es sollen lediglich diejenigen Schriften genannt werden, die für den Gang der Untersuchung wichtig gewesen sind.
Über die gesetzlichen Grundlagen der Leinenproduktion des platten Landes unterrichtet Haubold[10], der die Entwicklung der Gesetzgebung kurz skizzierte. Dazu stellt sich noch die Arbeit von J. G. Paul[11], und darüber hinaus enthalten Darstellungen des Staats- und Privatrechts Hinweise auf die Stellungnahme des Gesetzgebers, wobei jedoch in den meisten Fällen die Lage an der Wende des 18. Jh. zum Ausgangspunkt genommen und der früheren Jahrhunderte nur kurz gedacht worden ist. Auch in Darstellungen größerer sächsischer Städte finden sich Bemerkungen zum Thema. So nimmt die Erörterung von Problemen der ländlichen Leinenproduktion in der Geschichte der Stadt Grimma von Lorenz[12] einen größeren Raum ein. Anlaß dazu waren die in Grimma abgehaltenen Beratungen und der dort geschlossene sogenannte Grimmsche Vertrag des Jahres 1555. Der Verfasser einer älteren Stadtgeschichte von Leipzig, Karl Große[13], bemerkt bei Erörterung der Geschichte der Zünfte dieser Stadt, daß Ende des 15. Jh. „einzelne auf das Land zu emigrieren sich bewogen fühlten". Auch die Geschichte der Leineweberinnung von Dresden bietet gewisse Ansatzpunkte für die Durcharbeitung des Dorfweberproblems; denn wir erfahren ja von der Existenz ländlicher Produktion in erster Linie durch die Zünfte.[14] Die aus dem Jahre 1815 stammende Geschichte der Stadt Oschatz[15] bringt zwar keine uns direkt interessierenden Einzelheiten, da die Leineweber, obwohl 1477 einwandfrei bezeugt, dort erst seit dem 17. Jh. eine Rolle zu spielen beginnen, aber wichtig ist, was der Verfasser über die Landesordnung von 1482 und über das Stadt-Land-Verhältnis zu berichten weiß. Aus der Mitte des vergangenen Jahrhunderts stammt die Zwickauer Stadtgeschichte von Herzog, der die dort 1500 privilegierte und 1513 eingerichtete Bleiche, sowie die Bannmeilenbestimmungen von 1513 erwähnt. 1541 wurde diese Bleiche von den Chemnitzern vertraglich anerkannt. Das Stadt-Landproblem freilich, wie es sich in Zwickau in dem von uns genauer untersuchten Zeitraum stellte, hat Herzog nicht erörtert.[16]

---

[10] *Haubold, Christian Gottlieb,* Lehrbuch des Königlich-Sächsischen Privatrechts. (Hg. Hänsel, Philipp Heinrich Friedrich), Leipzig 1848, 3. Auflage, 2. Abteilung, S. 125ff.

[11] *Paul, J. G.,* Das Gewerbsrecht, nebst dem Gesetz, welches den Gewerbebetrieb auf dem Lande regelt. Leipzig 1841, S. 76ff.

[12] *Lorenz, Christian Gottlob,* Der Stadt Grimma Beschreibung, Grimma, 1856, II. Teil, S. 566ff.

[13] *Grosse, Karl,* Geschichte der Stadt Leipzig. Leipzig 1897, Bd. I. S. 441ff.

[14] *Lindau, M. B.,* Geschichte der Haupt- und Residenzstadt Dresden. Dresden 1859, I. Bd. S. 324f.

[15] *Hoffmann, Carl Samuel,* Historische Beschreibung der Stadt, des Amts und der Dioeces Oschatz. Oschatz 1813, I. Teil, S. 363ff.

[16] *Herzog, Emil,* Chronik der Kreisstadt Zwickau. Zwickau 1845, II. Teil, S. 161ff. und S. 254.

Zu beachten ist weiterhin die Beschreibung der Stadt Chemnitz durch C. W. Zöllner. [17] Eine Reihe von Hinweisen, allerdings meist zu den anders gelagerten Verhältnissen der Lausitzen und Schlesiens, enthält auch das schon genannte Buch von Aubin-Kunze.[18] Schulze[19] wies in seinem für die frühe Sozialgeschichte Ostmitteldeutschlands bedeutenden Buch auf die Schwierigkeiten hin, die einer Erforschung des ländlichen Gewerbes durch die Zerstreutheit des Materials bereitet werden.[20] W. Görlitz[21] hat die Streitigkeiten zwischen Stadt und Land in einem besonderen Abschnitt behandelt, der eine Fülle von Material bringt, allerdings in den meisten Fällen zu Fragen der Brau- und Schankrechte des Landes. Für Altenburg sind diese Fragen ebenfalls in stadtgeschichtlichen Arbeiten behandelt worden, in früheren Veröffentlichungen von E. v. Braun[22] und W. Zeidler[23], neuerdings in umfassender, die zehn Städte des Herzogtums Sachsen-Altenburg behandelnder Darstellung der Rechts- und Verfassungsverhältnisse durch Hans Patze.[24] Patze hat die Geschichte dieser Städte bis zum Beginn des 19. Jh. fortgesetzt und damit für den sonst zumeist vernachlässigten Zeitraum vom 15. Jh. an das Material bereitgestellt. Probleme des Stadt- Land-Verhältnisses sind darin eingehend behandelt, und der Quellenanhang bietet den Ansatz für eine genauere Erforschung der gewerblichen Produktion der Übergangszeit. Damit haben wir die bemerkenswerten Vorarbeiten zur ländlichen Gewerbegeschichte Sachsens erwähnt; was darüber hinaus aus Ortsgeschichten und Zeitschriften entnommen wurde, wird im Verlaufe der Darstellung noch angeführt.

Die Grundlage für die Arbeit boten jedoch die im Landeshauptarchiv in Dresden durchgesehenen Akten; erst dadurch konnte eine über das bisher Bekannte hinausgehende und einen größeren Zeitraum umfassende Darstellung gegeben werden.

Dabei erwuchsen drei Aufgaben, die in drei Kapiteln dieser Arbeit ihren Niederschlag gefunden haben. Es mußten der Umfang und die Ausbreitung der ländlichen Leinenproduktion dargelegt werden. Die Produktionsverhältnisse der auf dem Lande im Gewerbe tätigen Produzenten mußten untersucht und in den Zusammen-

---

17 *Zöllner, Carl Wilhelm,* Geschichte der Fabrik- und Handelsstadt Chemnitz von den ältesten Zeiten bis zur Gegenwart. Chemnitz 1888, S. 37ff.

18 Vgl. *Aubin-Kunze,* Leinenerzeugung, a.a.O., S. 9.

19 *Schulze, Otto Eduard,* Die Kolonisierung und Germanisierung der Gebiete zwischen Saale und Elbe. Leipzig 1896, S. 230 Anm. 2.

20 Er gibt (ebenda S. 232 Anm. 4) den Hinweis auf ein Verzeichnis der Dorfweber der Chemnitzer Gegend, das infolge Kriegsauslagerungen des Sächsischen Landeshauptarchivs jahrelang nicht benutzbar war, seit einiger Zeit aber wieder zur Verfügung steht; ich werde darauf an geeigneter Stelle zurückkommen.

21 *Görlitz, Woldemar,* Staat und Stände unter den Herzögen Albrecht und Georg. In: Sächsische Landtagsakten, Bd. I, 1928, S. 211ff.

22 *Braun, E. v.,* Die Stadt Altenburg in den Jahren 1350 bis 1525. Altenburg 1872; derselbe, Erinnerungsblätter aus der Geschichte Altenburgs in den Jahren 1525 bis 1826. Altenburg 1876, S. 491ff.

23 *Zeidler, Walther,* Das Zunftwesen der Stadt Altenburg. Phil. Diss., Halle 1901, S. 20f.

24 *Patze, Hans,* Recht und Verfassung thüringischer Städte. Weimar 1955; vgl. dazu *Unger, Manfred,* in: „Zeitschrift für Geschichtswissenschaft", VI. Jg. 6, 1316ff. (1956).

hang der ländlichen Verhältnisse überhaupt gestellt werden. Schließlich bedurfte es einer zusammenhängenden Darstellung der Auseinandersetzung zwischen städtischen und ländlichen Leinenproduzenten, über Ziele und Formen des Kampfes sowie seinen Verlauf. Die Ergebnisse dieser Untersuchung mußten in den Zusammenhang gebracht werden, wie er durch die textilgeschichtlichen Forschungen von Gustav Aubin und Arno Kunze bekannt war. Als Quellen dienten die Beschwerdeakten kursächsischer Leineweberzünfte bzw. Stadträte an den Landesherren, sowie die Landsteuerregister und die Amtserbbücher des 16. Jh. Die Beschwerdeakten waren aus der Arbeit von W. Görlitz bekannt[25]; da er sie nur oder doch vorwiegend unter dem Gesichtspunkt der Struktur und der Aufgaben des Ständestaates durchgearbeitet hatte, da er dem differenzierten Kräftespiel der Klassen auf die Spur kommen, die praktische Politik des Landesherrn gegenüber diesen Klassen und die Grundsätze, die diese Politik beeinflußten, darstellen, nicht aber eine Geschichte der verschiedenen Bereiche des politischen, mitärischen oder sozialökonomischen Lebens schreiben wollte, konnten den von ihm angeführten Akten zahlreiche Einzelheiten entnommen werden, die er selbst nur angedeutet hatte. Diese Andeutungen erfolgten allerdings in einer erfreulichen Breite, so daß die Ergebnisse vieljähriger Arbeit dieses wohl besten Kenners der Thematik einen Ansatzpunkt für die vorliegenden Spezialstudien boten.

Die Landsteuerregister und Amtserbbücher sind eine hervorragende Quelle für wirtschafts- und sozialgeschichtliche Arbeiten. Sie sind bisher vielfach, allerdings selten zusammenfassend für ein ganzes Gebiet benutzt worden.[26] Die Landsteuer[27] wurde von der ländlichen und städtischen Bevölkerung erhoben. Ihre Höhe wurde durch die Bewilligung der Stände festgelegt und die Beträge von den lokalen Gewalten (Amt oder Herrschaft) eingefordert. Die dazu angefertigten Register sind ihrem Aufbau und daher ihrer Qualität nach nicht einheitlich. Es gibt Steuerregister, in denen nur die Namen der Steuerzahler und der von ihnen zu entrichtende Betrag angegeben sind, während sich in anderen genauere Angaben über Landgröße, Wert des mobilen und immobilen Vermögens, Verteilung der Arbeitskräfte und Ausmaß der Viehhaltung finden. Die Zahl der besitzlosen Einwohner eines Dorfes ist aus den frühen Registern nicht immer mit Sicherheit zu entnehmen. In den Amtserbbüchern[28] haben wir eine wertvolle Ergänzung der Landsteuerregister vor uns. Sie sind unentbehrliche Hilfsmittel hinsichtlich der administra-

[25] *Görlitz, W.*, a. a. O., S. 198ff.

[26] In der Breite sind sie jetzt bearbeitet und für die landesgeschichtliche Forschung bereitgestellt in: Historisches Ortsverzeichnis. Bearbeitet von Blaschke, Karlheinz, Leipzig 1957, VEB Bibliographisches Institut, und zwar unter Punkt vier der Ortsartikel.

[27] *Hoetzsch, Otto*, Die wirtschaftliche und soziale Gliederung vornehmlich der ländlichen Bevölkerung im meißnisch-erzgebirgischen Kreise Kursachsens. Leipzig 1900, S. 9ff., gibt einen Einblick in Inhalt und Charakter der Landsteuerregister.

[28] Dazu *Kötzschke, Rudolf*, Die Landesverwaltungsreform im Kurstaate Sachsen. In: „Zeitschrift des Vereins für Thüringische Geschichte und Altertumskunde", NF **34**, 213ff. (1940); derselbe, Staat und Bauerntum im thüringisch-obersächsischen Raum. In: „Adel und Bauern im Deutschen Staat des Mittelalters", hg. v. Mayer, Theodor, Leipzig 1943, S. 301ff.; *Wuttke, Robert*, Gesindeordnungen und Gesindezwangsdienst in Sachsen

tiven Zugehörigkeit, der Herrschaftsverhältnisse zwischen Landesherrn, dem Adel und den Bauern sowie der sozialen Gliederung der Landbevölkerung. Ein hoher Wert kommt ihnen aber auch für die gesellschaftliche Entwicklung Sachsens überhaupt zu. Durch die von den Kurfürsten Moritz und August seit der Mitte des 16. Jh. systematisch betriebene Politik der Fixierung der bestehenden Rechtsverhältnisse in grund- und gerichtsherrlicher Hinsicht, wie sie sich auch in der Anlage der Amtserbbücher widerspiegelt, wurde es dem Adel außerordentlich erschwert, die Lage der von ihnen abhängigen Bauern schnell und entscheidend zu verschlechtern. Für unsere spezielle Beschäftigung war es durch die angeführten Quellen möglich, zu Aussagen über die Klassenverhältnisse auf dem Lande zu gelangen, aber auch die Produktionsverhältnisse der in Beschwerdeschriften der Städte namentlich genannten ländlichen Leineweber zu erkennen.

Welche allgemeine Bedeutung der Existenz eines außerhalb der Stadt und frei von ihren zünftischen Produktionsvorschriften betriebenen Textilgewerbe zukommt, ist klar. „Das durch Wucher und Handel gebildete Geldkapital“ sagt Karl Marx[29], „wurde durch die Feudalverfassung auf dem Land, durch die Zunftverfassung in den Städten an seiner Verwandlung in industrielles Kapital behindert.“

Es war also festzustellen, ob und in welchem Umfange auf dem Lande eine gewerbliche Produktion erfolgte und inwieweit sie durch die feudalen Verhältnisse behindert wurde. Dazu war eine Untersuchung des platten Landes notwendig, die — in breiterer Anlage als hier möglich — eine Zukunftsaufgabe der Landesgeschichte ist.

Damit ist schon angedeutet, daß es sich bei dieser Arbeit nur um einen Anfang handeln kann. Das Aufgabengebiet als solches und vor allem die Methoden, mit denen man die Lösung der Probleme erreichen kann, bedürfen genauer Prüfung, wenn es der landesgeschichtlichen Forschung gelingen soll, die Vor- und Frühgeschichte des Kapitalismus in Deutschland zu erhellen. Der „Weiße Fleck“, den die Wirtschaftsgeschichte gerade auf diesem Gebiet aufweist, kann nur durch eine möglichst breite Forschung beseitigt werden.

Wir bewegen uns dabei in einem Zeitraum, in dem Deutschland eine frühkapitalistische Entwicklung durchmacht, die der Englands nicht unähnlich ist[30], die aber abgelöst wird durch eine Periode feudaler Reaktion in der zweiten Hälfte des 16. Jh., die Deutschland um Jahrhunderte in seiner Entwicklung zurückgeworfen hat. Es ist eine unabdingbare Forderung für Forschungen auf diesem Gebiet, sich an quellenmäßig noch übersehbare Bereiche zu halten, d. h., die Methoden der Wirtschafts- und Sozialgeschichte mit denen der geschichtlichen Landeskunde zu kombinieren, ohne den Blick auf das Ganze zu verlieren. So will die vorliegende Arbeit ein auf landesgeschichtlicher Grundlage aufbauender Beitrag zur Geschichte der deutschen Wirtschaft, damit zugleich zur Geschichte des deutschen Volkes sein.

---

bis zum Jahre 1835. 1893, In: Staats- und sozialwissenschaftliche Forschungen, hg. von Schmoller, Gustav, XII. Bd., H 4, S. 24 ff.

29 *Marx, Karl,* Das Kapital. Dietz Verlag, Berlin 1955, Bd. I, 6. Auflage, S. 790.

30 *Kuczynski, Jürgen,* Weiße Flecken in der Wirtschaftsgeschichte. In: Fortschrittliche Wissenschaft, Aufbau Verlag, Berlin 1951, 2. Auflage, S. 146ff., bes. S. 157.

I. DIE LEINENPRODUKTION SACHSENS IM 14. UND 15. JAHRHUNDERT

Im Mittelpunkt der Entwicklung der Leinenproduktion Sachsens vom 14. bis 16. Jh. steht die Chemnitzer Bleiche[31], die durch ein Privileg im Jahre 1357 das Monopol der Leinwandveredelung für ein Gebiet im Umkreis von 10 Meilen erhielt.

Die Bleiche war in ihrer ersten, allerdings nur wenige Jahre dauernden Entwicklungsphase in der Hand von vier Handelskapitalisten, die auch im Bergbau engagiert und finanzkräftig genug waren, die für die Bleiche bestimmten Leinwandmengen zu kaufen und nach der Bearbeitung selbständig zu vertreiben.[32] In

---

[31] Die Quellen zur Geschichte der Chemnitzer Bleiche sind gedruckt in: „Codex diplomaticus saxoniae regiae“ (abgek. CDS) II. Hauptteil, Bd. VI (Urkundenbuch der Stadt Chemnitz und ihrer Klöster) bearb. Ermisch, Hubert, Leipzig 1879; sowie bei *Helbig, Herbert,* Quellen zur älteren Wirtschaftsgeschichte Mitteldeutschlands. Weimar 1952 ff., Bd. IV. (1953), Nr. 289ff.; vgl. auch *Zöllner, Carl Wilhelm,* Geschichte der Industrie- und Handelsstadt Chemnitz, S. 43ff. und *Zöllner, Reinhard,* Die Anfänge der Chemnitzer Industrie. In: „Mitteilungen des Vereins für Chemnitzer Geschichte“, III, 114ff. (1876); *Aubin-Kunze,* Leinenerzeugung, a. a. O., S. 7ff.; *Kunze, Arno,* Die nordböhmisch-sächsische Leinwand und das Nürnberger Handelskapital. 1926, S. 17 f.; *Heitz, Gerhard,* Gründung, Kapazität und Eigentumsverhältnisse der Chemnitzer Bleiche (1357—1471). In: Vom Mittelalter zur Neuzeit. Zum 65. Geburtstag von Heinrich Sproemberg, Berlin 1956; dazu die Rezension von *Hühns, Erik.* In: „Zeitschrift für Geschichtswissenschaft“, VII. Jg., 4, S. 874 ff. Die neuesten Bemerkungen zur Bleiche stammen von *Kunze, Arno,* Die Entwicklung der Produktivkräfte und der Produktionsverhältnisse in Chemnitz in der ersten Hälfte des 16. Jahrhunderts unter besonderer Berücksichtigung der Einflüsse des oberdeutschen Handelskapitals. In: „Beiträge zur Heimatgeschichte von Karl-Marx-Stadt“, H. 4, 1955, S. 30ff., sowie derselbe, Der Frühkapitalismus in Chemnitz. Ebenda, H. 7, 1958, S. 9ff.

[32] Unter den vier Privilegierten von 1357 war Nickel Monhaupt der mächtigste Mann. Er war Bürger von Freiberg und von 1353 bis 1360 Münzmeister. Im Tuchhandel können wir ihn auf Grund von Geldgeschäften mit dem Landesherrn (occasione pannorum) nachweisen, und seine Tätigkeit im Leinengroßhandel ergibt sich aus dem Wortlaut des Privilegs von 1357 (CDS II, 6, Nr. 23). Ausführlich zu Monhaupt jetzt *Unger, Manfred,* Stadtgemeinde und Bergwesen Freibergs im Mittelalter. Phil. Diss. Leipzig 1957, S. 162 (ungedr.), vgl. Autorreferat in: „Wiss. Z. der Karl-Marx-Universität zu

dieser ersten Phase waren die Voraussetzungen für eine handelskapitalistische Realisierung des Bleichmonopols, d. h. des 1357 zuerkannten außerökonomischen Zwanges gegeben.

Das war jedoch bald nicht mehr der Fall. Das Monopol geriet in doppelter Hinsicht in Gefahr, da einmal die finanziellen Voraussetzungen fehlten, auf (1367 und 1390) vergrößerter Bleiche die Produktion der wachsenden Zahl sächsischer Leineweber[33] zu veredeln, zum anderen sich ein tiefer Widerspruch zwischen den Zünften, als den monopolisierten Vereinigungen feudaler Warenproduzenten, und den nur auf Rentenbezug bedachten Inhabern von Anteilen der Bleiche zeigte. Da auch in technischer Hinsicht nicht alle Wünsche befriedigt werden konnten und die Bleiche gewaltsamen äußeren Einflüssen unterlag (Zerstörungen im sogenannten Bruderkrieg 1445), ist seit der Mitte des 15. Jh., vor allem aber in den sechziger Jahren, das Monopol faktisch und sehr bald auch juristisch durchbrochen worden. Es entstanden neben der Chemnitzer Bleiche weitere Bleichen, und ein Versuch zu frühkapitalistischer Umgestaltung mit erhöhter Initiative der Inhaber, wie ihn 1470/71 der Bleichrichter Nickel Eckhart unternahm, scheiterte.

Die ständigen Diskussionen um die Bleiche hatten zur Folge, daß auch die von ländlicher Seite ausgehende Konkurrenz, die den Städten immer gefährlicher wurde, in den Gesichtskreis der Zeitgenossen und damit der Quellen trat. Während nämlich die städtischen, zunftgebundenen Produzenten im Kampf um die Bewahrung ihrer Privilegien, d. h. ihrer Stellung als vom Händler unabhängige, einfache Warenproduzenten, neben der Chemnitzer Bleiche sogenannte Winkelbleichen, durchsetzten und belieferten, kämpften sie gleichzeitig gegen die gewerbliche Produktion des platten Landes.

Diese zog ihrerseits aus dem wachsenden Gegensatz zwischen Chemnitzer Bleiche und Zünften erhebliche Vorteile, da sie — soweit sie nicht überhaupt noch selbständig primitiv bleichte — entweder auf der nicht voll ausgelasteten Chemnitzer Bleiche willkommen war oder die ihnen näher gelegenen Winkelbleichen mit benutzte.

Diese ländliche Leinenproduktion hatte im 14. Jh. noch kaum eine Rolle gespielt. Einige Beispiele können genannt werden. So wird im Jahre 1331 in einer Verein-

---

Leipzig, gesellsch.- u. sprachwiss. Reihe, Jg. 1958/59, H. 8, 413ff., wodurch meine Bemerkungen (Sproemberg-Festschrift, S. 244), erheblich gestützt werden. Dort ist übrigens (S. 271) in der Beilage II (Assignaten I) der Betrag von 120 ß Groschen nachzutragen, den Nickel Monhaupt, gemeinsam mit Johann de Schonow, 1354, Juni 1—8, dem Landesherrn (und zwar occasione pannorum) leiht, und der je zur Hälfte Walpurgis und Michaelis 1355 zur Rückzahlung fällig war (CDS II, 15, Nr. 28). Wichtig übrigens noch der Hinweis Ungers (a. a. O., S. 163 Anm. 72) auf Geschäftsbeziehungen Monhaupts zu Karl IV., wie sie 1357 bestanden haben müssen.

[33] Über das Anwachsen der städtischen Leineweber und die Tendenz zur Zunftgründung bzw. -bestätigung vgl. *Aubin-Kunze*, Leinenerzeugung a. a. O., S. 9, *Kunze, Arno*, Das oberdeutsche Handelskapital und die sächsische Leinwand. In: Meißnisch-Sächsische Forschungen, 1929, S. 110ff., *Heitz, Gerhard*, Gründung a. a. O., S. 268 Beilage I.

barung zwischen Kloster und Stadt Chemnitz für sieben Orte[34] festgesetzt, daß kein Handwerker für den Markt produzieren dürfe, außer zur Kirmes[35]; 1368 wurde eine neuer Streit über Dorfhandwerker in der Meile von Chemnitz durch Bevollmächtigte der Städte Altenburg, Zwickau und Freiberg geschlichtet[36]; schließlich ist aus einer Urkunde von 1379 indirekt zu ersehen, daß in Auerswalde gewebt wurde.[37]

Die hierbei in Frage kommenden Dörfer liegen alle um Chemnitz herum. Für sie ist die Zusammensetzung des Materials und der Überlieferung überhaupt am günstigsten. Im allgemeinen war die ländliche Produktion noch ganz auf die Befriedigung des eigenen oder dörflichen Bedarfs gerichtet; von einer für den Markt bestimmten Produktion kann keine Rede sein.

Im 15. Jh. wächst die Landproduktion schneller an. Das Bild, das wir aus den Quellen von ihrem Umfang gewinnen, nötigt zu der Feststellung, daß das Produktionsmonopol der Städte von dieser Seite her angegriffen und zum Teil durchbrochen worden ist. Die große Zahl von Zunftbestätigungen ist sicher schon eine Reaktion auf dieses von den Zünften bemerkte Anwachsen der Zahl der ländlichen Produzenten und des Umfangs ihrer Produktion. Für die Ausdehnung der ländlichen Produktion waren verschiedene Faktoren von Bedeutung. Die Zunahme der Bevölkerung erhöhte den lokalen Bedarf auf dem Lande genauso, wie das in der Stadt der Fall war. Die überall steigende Nachfrage und die damit verbundene Erhöhung der Produktion zogen eine Rohstoffknappheit nach sich, die einen Teil der zünftischen Produzenten nötigte, zum Erwerb des Rohstoffes mit dem Lande in nähere Verbindung zu treten. Das geschah entweder direkt oder durch die Vermittlung des Zwischenhändlers, was dann wieder für die Zunftproduzenten die Folge der Trennung vom Rohstoff nach sich ziehen konnte. Mit dem anfänglich als Rohstoffaufkäufer der städtischen Leineweber auftretenden Zwischenhändler ergab sich andererseits für die Landproduzenten die Möglichkeit, ihre Leinewand durch ihn auf den städtischen Markt und in die städtischen Bleichen gelangen zu lassen. Für eine solche engere Verbindung der ländlichen Weber mit dem Markt bot nun der billige Preis ihrer Produkte einen großen Anreiz; die Möglichkeit, die schlechte Landleinwand färben zu lassen, ließ die Frage der Qualität in den Hintergrund treten. Neben die Konkurrenz der Städte untereinander trat die Konkurrenz des platten Landes, auch auf dem Gebiet der Bleiche[38], und sicher nicht selten

[34] CDS II, 6, Nr. 13; es handelt sich um Hermersdorf, Altenhain, Neuenkirchen, Adorf, Klaffenbach, Mittelbach und Burkersdorf. In allen Dörfern befanden sich auch später Leineweber.

[35] Wichtig ist die Bemerkung: „sol keyn hantwergsmann sein, der icht veiles wirke auf den Markt" usw.; Handwerker und Leineweber („wirken") werden also gleichgesetzt. Für alle die Fälle, in denen nur ganz allgemein von Handwerkern auf den Dörfern die Rede ist, macht das die Existenz von Webern immerhin recht wahrscheinlich.

[36] Ebenda, Nr. 37.

[37] Ebenda, Nr. 47; dem Herren von Auerswalde wird die Beschäftigung von Handwerkern (außer je einem Schneider, Schmied und Schuhflicker) verboten.

[38] So z. B. 1470 Befehl an Vogt und Rat zu Dresden, ländliche Bleichen in der Umgebung der Stadt zu verbieten (ebenda, Nr. 211).

über den eigenen Bedarf hinaus.[39] Es werden auch ländliche Märkte erwähnt.[40] Die Räte und Zünfte unternahmen Schritte, um ihre in Gefahr befindlichen Vorrechte schützen zu lassen oder selbst zu schützen. Es kommt immer häufiger zu Auseinandersetzungen zwischen städtischen und ländlichen Produzenten, vor allem zwischen der Stadt Chemnitz mit den umliegenden Grundherren. So ist 1439 ein Streit zwischen Chemnitz und G. v. Auerswalde im Gange gewesen.[41] Im Jahre 1440 — wahrscheinlich als Reaktion auf weitere Beschwerden und Streitigkeiten — fordert der Landesherr von der Stadt Chemnitz eine Liste der Dorfhandwerker und ihrer herrschaftlichen Zugehörigkeit.[42] In den vierziger Jahren kam es auch in der Gegend von Grimma wiederholt zu Streitigkeiten. So schreibt 1445 der Landesherr an den Rat von Grimma wegen der Dorfhandwerker.[43] 1455 endete ein Streit zwischen Rat und Abt Chemnitz mit der Bestätigung des Verbots aller Dorfhandwerker in der Meile.[44]

Eine Welle von Auseinandersetzungen beginnt dann in den siebziger Jahren. Wieder ist Chemnitz besonders aktiv, denn 1470 erhalten der Abt und G. v. Harras zu Lichtenwalde vom Landesherrn den Befehl, keine Handwerker innerhalb der Meile zu dulden.[45] Schon im nächsten Jahre mußte der Landrentmeister J. v. Mergenthal als Schiedsrichter zwischen Kloster und Stadt Chemnitz einschreiten[46], und 1475 hatten die Chemnitzer zwei Leineweber aus den Dörfern des v. Harras gefangengenommen, wohl als diese ihre Leinewand auf dem Chemnitzer Markt bzw.

---

[39] So heißt es 1469 in einem Schreiben der Landesherren an den Rat von Chemnitz, daß — abgesehen von anderen Beeinträchtigungen der Bleiche — manche „ire roe gut uff dorfer unde ander ende furen unde bleichin lassen . . ." (ebenda, Nr. 200).

[40] 1438 teilt Kurfürst Friedrich dem Rat von Chemnitz mit, daß in der Umgebung von Leisnig Märkte in Dörfern gehalten würden, und empfiehlt, falls keine Änderung eintritt, das zu verhindern, „so ir forderst konnet und moget" (ebenda, Nr. 122). 1430 schon untersagte der Landesherr das Anlegen neuer Märkte und den feilen Kauf in der Meile von Freiberg sowie die Handwerke (CDS II, 12, Nr. 198); das gleiche Problem wird in den Jahren 1447/48 wieder zwischen Rat Freiberg und Landesherr erörtert (ebenda, Nr. 264/66).

[41] CDS II, 6, Nr. 125/26; schon 1428 waren dem Abt Handwerker auf seinen Dörfern nur nach Ausweis alter verbriefter Rechte zugestanden worden (ebenda, Nr. 104).

[42] Ebenda, Nr. 128; die Liste selbst ist nicht erhalten.

[43] CDS II, 15, Nr. 107, in der Vorbemerkung des Herausgebers findet sich eine ganze Reihe weiterer Hinweise auf Streitigkeiten zwischen Stadt und Land.

[44] Ebenda, Nr. 168. Der Abt zeigte allerdings wenig Entgegenkommen und äußerte die Forderung, „dy weber yn den kirchhusern czu lassen". Dieser Hinweis auf Leinenproduktion der Kirchner wird bekräftigt durch *Lorenz, Chr. h., a. a. O.*, Bd. II, S. 566, der, im Zusammenhang mit Streitigkeiten aus dem Jahre 1514, behauptet, die Kirchner seien immer als Weber genehmigt gewesen. Ich habe diese Tatsache sonst nicht erörtert gefunden, allerdings tauchten eine ganze Reihe von Kirchnern als Dorfweber auf.

[45] CDS II, 6, Nr. 214/15; in letzterem Schreiben werden Lichtenau, Wiesa und Auerswalde genannt, also Dörfer, die im 16. Jh. Leineweber beschäftigten.

[46] Ebenda, Nr. 230.

in Chemnitz verkaufen wollten; gegen Bürgschaft wurden sie entlassen.[47] Auch der Leipziger Rat ergreift 1470 Maßnahmen gegen die drohende Landproduktion und verbietet den Landwebern die Garnbeschaffung in der Stadt sowie die für die Stadtbetriebene Arbeit.[48] Anders war die Lage in Freiberg, wo die Leineweber die Konkurrenz der Landweber im 14. und 15. Jahrhundert noch kaum verspürten, da der Bergbau den Absatz garantierte. Immerhin enthält die Ordnung der Freiberger Leineweber, die F. Schultze auf 1484 datieren konnte, auch Ansätze zur Beschränkung des freien Garnmarktes und der freien Wahl der Leineweber für Lohnwerk.[49]

Die Landesherren erkannten an den Beschwerden und Streitigkeiten, wie die Verhältnisse in der Leinenproduktion im Fluß waren und sich schnell weiterentwickelten. Neben immer wiederholten Verboten der Garnausfuhr und der Bleichen[50] wurden Erneuerungen der Bannmeilenrechte[51] ausgesprochen. Es setzte sich jedoch immer mehr die Einsicht durch, daß mit solchen grundsätzlichen Verboten der ländlichen Produktion nicht mehr beizukommen war, und in den siebziger Jahren beobachten wir einen Wandel in der Einstellung der Landesherren, die jetzt an die Stelle grundsätzlicher Verbote Einschränkungen der Zahl der ländlichen Produzenten setzen.

Eine erste Beschränkung erfolgte im Jahre 1471 bei den in Zwickau geführten Verhandlungen über die Bleiche[52], als man für jedes Dorf einen Weber gestattete.

---

[47] Ebenda, Nr. 255.

[48] CDS II, 8, Nr. 455; abgedr. bei *Helbig, Herbert*, a. a. O., I, Nr. 43.

[49] *Schulze, Friedrich*, Die Handwerkerorganisation in Freiberg. In: „Mitteilungen des Freiberger Altertumsvereins", Bd. 52, 34 (1918); vorher hatte *Ermisch, Hubert*, CDS II, 14, S. 169, Zusatz 10, die Jahre 1468—1486, d. h. die Amtszeit des Thomas Reße als Amtsschreiber vermutet. Abdruck der Freiberger Leineweberartikel auch bei *Helbig, Herbert*, a. a. O., I. Nr. 45. Vgl. zum Problem auch *Heitz, Gerhard*, Dorfweber und Sozialstruktur in Langhennersdorf. In: Beiträge zur Landesgeschichte und Heimatkunde. Zum 65. Geburstag von Rudolf Lehmann, Weimar 1958, S. 183, Anm. 38.

[50] Solche Garnausfuhr- und Bleichverbote sind z. B. (CDS II, 6, Nr. 206) an die Kurfürstin-Witwe Margarete für Leisnig, Grimma und andere Städte ihres Wittums (1470) und an den Chemnitzer Rat wegen Bleiche in Gärten der Stadt ergangen (ebenda, Nr. 212); die Aufhebung aller Winkelbleichen wurde 1471 bei den Zwickauer Verhandlungen gefordert (ebenda, Nr. 223), und ein Verbot enthält auch Nr. 241 aus dem Jahre 1473. Das 1470 ausgesprochene Bleichverbot (ebenda, Nr. 213) enthält keine Ausnahme, weder für den eigenen Bedarf noch eine Sonderbestimmung für Rochlitz. Gegen Bleichen und Garnausfuhr ergingen 1472 Schreiben an Räte und Amtsleute (ebenda, Nr. 233/34), während 1475 für die Bleiche in Chemnitzer Gärten schon das Zugeständnis gemacht wird, daß vom Bleichrichter gezeichnete Leinewand dort gebleicht werden darf, allerdings unter Entrichtung der auf der Bleiche üblichen Gebühr (ebenda, Nr. 257).

[51] 1470, Anfang März, an Freiberg (CDS II, 12, Nr. 385), im gleichen Jahre, August 31, an Chemnitz (CDS II, 6, Nr. 216).

[52] Ebenda, Nr. 233. Ich kann keine Bestätigung für die Bemerkung *Kunzes* (Der Frühkapitalismus, a. a. O., S. 13) finden, daß diese Bestimmung auf Nickel Eckart zurückgeht.

Dieser Standpunkt, der im Jahre 1472 auch in einem Schreiben an Amtleute und Städte sowie einige Adlige und die Äbte von Zelle und Chemnitz eingenommen wurde[53], änderte sich jedoch schon bald; denn im Jahre 1477 wurde zum ersten Male entschieden, daß große Dörfer zwei, kleine Dörfer einen Leineweber halten durften.[54] Diese sollten den lokalen Bedarf befriedigen und nur grobe Sorten herstellen. Gleichzeitig wird den städtischen Webern die Wahl und Führung eines Zeichens gestattet, mit dem sie ihre Leinwand kennzeichnen sollten. Auf diese Weise wollte man verhindern, daß Dorfproduktion in den Handel gelangte. Aus der Gleichzeitigkeit dieser Verordnungen erkennt man, daß eine Marktproduktion des platten Landes befürchtet wurde und stattfand, obwohl sie verboten und die Sorten für die Eigenproduktion (breites Leinen von grobem Garn für Tischtücher und Handtücher) festgesetzt waren.[55] Eine Unterscheidung zwischen Dörfern in der Meile und außerhalb derselben ist nicht ausgesprochen worden; sie ist jedoch zu vermuten.

Wenige Jahre später ergeht die Landesordnung von 1482, die auch ein Verbot der ländlichen Leinenproduktion und der Dorfhandwerker überhaupt enthält, soweit sie weniger als eine Viertelmeile von der betreffenden Stadt entfernt liegen.[56] Alle anderen Dörfer — ohne Rücksicht auf ihre Größe — dürfen einen Weber für den Ortsbedarf in groben Qualitäten halten.

Mit diesen letzten Feststellungen sind wir bis an den Beginn des Zeitraumes gelangt, der einer eingehenderen Untersuchung unterzogen werden soll. Zusammenfassend läßt sich für die Entwicklung der Leinenproduktion bis zum Ausgang des 15. Jh. sagen: Im 14. und 15. Jh. erfolgt in Sachsen eine kraftvolle Entwicklung der Produktivkräfte. Trotz aller Hemmnisse, wie sie territoriale Schranken und kriegerische Unruhen brachten, wuchs die Leinenproduktion an. Die Errichtung einer Bleiche, die für 90 Kilometer im Umkreis das Monopol der Endverarbeitung der Leinewand erhielt, eröffnete objektiv die Möglichkeit einer Konzentration des Leinenhandels und der Endverarbeitung in Chemnitz. Es zeigte sich jedoch, daß das Interesse des Landesherrn und der beteiligten Händlerkreise nur auf die Ausnutzung der in der Produktion vor sich gegangenen Entwicklung gerichtet war, daß sie ihren Anteil daran erlangen und sich einen Rentenbezug von der Bleiche sichern wollten. Es kam nicht zur Unterordnung der unmittelbaren Produzenten unter die Gewalt des Handelskapitals, im Gegenteil, die unaufhaltsame Entwicklung in den kleineren Orten und auf dem Lande machte das Monopol der Stadt Chemnitz, jedenfalls in der bestehenden Form, zunichte.

---

[53] Ebenda, Nr. 233/34.

[54] Ebenda, Nr. 265.

[55] Wenn später (1481) jede Bearbeitung nichtgezeichneter Leinewand auf der Chemnitzer Bleiche verboten wurden, so konnte das für die ländlichen Bleichen nur günstig sein (ebenda, Nr. 285); vgl. *Helbig, Herbert*, a. a. O., IV, Nr. 297.

[56] Codex Augusteus oder Neuvermehrtes Corpus Iuris Saxonici. Leipzig, 1724, Sp. 11.

Während die vorhandenen zünftischen Produktionsverhältnisse sich stärkten und neue sich ausbildeten, während Konkurrenzbleichen mit Genehmigung (Rochlitz) und ohne Genehmigung (Mittweida, Leisnig, Grimma, Döbeln, Penig u. a.) in Aktion traten und damit die Abhängigkeit von der Chemnitzer Bleiche und vom Chemnitzer Handelskapital verringerten, entwickelte sich die schon im 14. Jh. in Ansätzen sichtbare Landproduktion im 15. Jh. weiter und wurde in der zweiten Hälfte des Jahrhunderts, besonders aber seit den siebziger Jahren, zu einer Gefahr für die städtisch-zünftische Produktion. Von diesem ohne Zunftzwang arbeitenden Landgewerbe aus beginnt ein Einbruch in die Monopolstellung der Zunft. Die Einzelheiten dieser Vorgänge wollen wir in den folgenden Abschnitten für den Zeitraum ihrer höchsten Wirksamkeit näher untersuchen.

II. DIE ENTWICKLUNG DER LÄNDLICHEN LEINENPRODUKTION (1470—1555)

Wir wollen uns jetzt der ländlichen Leinenproduktion zuwenden und nacheinander die Quellen, die örtliche Verbreitung und die zahlenmäßige Entwicklung der Leinenproduktion des platten Landes betrachten:

a) Regesten

Die früher angedeutete Vernachlässigung der ländlichen Leinenproduktion macht es notwendig, durch eine Reihe von Regesten[57] einen Überblick über das benutzte Material und einen Einblick in den Charakter der Quellen zu ermöglichen. Bis auf wenige Ausnahmen sind die Quellen bisher weder gedruckt noch überhaupt ausgewertet worden.

1. *1472* Kurfürst Ernst und Herzog Albrecht gebieten dem Amtmann von Schellenberg sowie den Amtleuten und Räten von Zwickau, Döbeln, Freiberg und anderen Orten, keine Leineweber bei sich zu dulden, die Zahl der Dorfweber auf einen für jedes Dorf zu beschränken, Garnausfuhr zu verhindern.[58]
2. *1472* Ilse von Harras nimmt ihre Untertanen gegen den Rat von Chemnitz, als dieser wegen Vergehen gegen das Meilenrecht eingeschritten war, in Schutz.[59]
3. *1477* Kurfürst Ernst und Herzog Albrecht beschränken zugunsten der Leineweber in den Städten Chemnitz, Rochlitz und Mittweida usw. die Leineweber auf den Dörfern.[60]
4. *1482* Kurfürst Ernst und Herzog Albrecht regeln das Dorfhandwerk und verbieten alle Handwerker innerhalb der Viertelmeile.[61]

---

[57] Die Regesten wurden mit laufenden Nummern versehen, um den späteren Verweis im Text möglichst kurz halten zu können.

[58] CDS II, 6, Nr. 233.

[59] Stadtarchiv Karl-Marx-Stadt Nr. 30; *Uhle, Paul,* Ungedruckte Urkunden zur Geschichte von Chemnitz aus dem 15. Jahrhundert. In: „Mitteilungen des Vereins für Chemnitzer Geschichte", Bd. XIII, 136 (1905).

[60] CDS II, 6, Nr. 265.

[61] Codex Augusteus I, Sp. 11. Neuer Druck bei *Helbig, Herbert,* a. a. O., II., S. 44, wo irrtümlich 1484 steht.

5. *1487* Die Innung der Leineweber zu Chemnitz beschwert sich über 159 Dorfweber in 44 Orten (davon 17 Dörfer mit einem Weber) in der Umgebung der Stadt.[62]

6. *1500* Die Leineweber der Zunft zu Oederan beschweren sich über 182 Weber in 36 Orten (in fast allen mehr als 2 Dorfweber) und über 47 Dorfweber in der Gegend um Frauenstein.[63]

6a. *1506* Beschwerde meissnischer Städte über Verletzung des Meilenrechts durch den Landadel.[63a]

7. *1514* Kurfürst Friedrich bekennt, daß der Streit zwischen drei Feudalherren und dem Rat zu Grimma wegen der Leineweber in gütlicher Weise entschieden sei.[64]

8. *1514* Kurfürst Friedrich vermittelt einen Vergleich zwischen der Stadt Altenburg und Dörfern der Umgebung.[65]

9. *1515* Die Innung zu Rochlitz meldet 33 Weber in 20 Dörfern der Umgebung unter Angabe der zuständigen Feudalherren.[66]

10. *1518* Eine nicht genannte Innung (wahrscheinlich Chemnitz bzw. Rochlitz oder beide) beschwert sich über Garnkäufer in der Rochlitzer Gegend.[67]

11. *1518* Die Leineweber von Chemnitz (und Rochlitz) melden 98 Dorfweber in 43 Ortschaften, davon 20 mit einem Dorfweber.[68]

12. *1520* Herzog Georg beauftragt den Geleitsmann von Chemnitz, die Beschwerden der Leineweber zu Chemnitz genau zu prüfen.[69]

13. *1522* Bürgermeister und Rat zu Chemnitz antworten dem Landesherrn bezüglich der Klagen des Chemnitzer Abtes Heinrich, daß sie in Jahnsdorf und Helbersdorf eine Nachprüfung vorgenommen und in J. 18 Webstühle vorgefunden hätten, von denen sie 16 zerstörten

---

[62] Stadtarchiv Karl-Marx-Stadt, Cap. IX, Za. Nr. 1, Protocoll in Sachen des Handwerks der Zeug- und Leineweber allhier, fol. 7ff. „Verzeichnis der Dorfweber, so chur- und fürstlicher Landesordnung zu entgegen in den Dörfern sich aufhalten, des Handwerks arbeiten, auf heut Montag nach Bartholomäi anno 1487 besichtigt und befunden."

[63] LHA Dresden, Loc. 9897, Acta unterschiedene Innungssachen, fol. 6.

[63a] *Görlitz, Woldemar*, a. a. O., S. 498ff.; vgl. den neueren Abdruck bei *Helbig, Herbert*, a. a. O. II., S. 46ff.

[64] CDS II, 15, Nr. 463, 1514, April 1.

[65] Burgarchiv Gnandstein (im Archiv der Karl-Marx-Universität), 1514, Juni 11; dieser Vertrag wurde im Jahre 1516 vom Amtmann spezifiziert. Vgl. zum Problem *Zeidler, Walther*, Das Zunftwesen, a. a. O., S. 20f. und *Patze, Hans*, Recht und Verfassung, a. a. O., S. 84 ff., vor allem den Quellenanhang, S. 238ff., wo auch Hinweise auf weitere Urkunden, von denen eine aus dem Jahre 1516 bereits von *Walch, Carl Friedrich*, Vermischte Beyträge zu dem deutschen Recht, III., 1773, S. 26ff. abgedruckt worden war und neuerdings bei *Helbig, Herbert*, a. a. O., II., S. 48, zu finden ist.

[66] Loc. 9897, fol. 50.

[67] Loc. 8746, Innungsarticul und Privilegia der Leinweber im Churfürstentum Sachsen (1456—1556), fol. 61b.

[68] Ebenda, fol. 62.

[69] Collection Schmid (Coll. Schmid.) LHA Dresden, Amt Chemnitz, Vol. IV, Nr. 79.

und zwei als der Landesordnung entsprechend stehen ließen; dem Weber in H. wurde die Produktion untersagt.[70]

14. *1527* In einem Rechtsstreit zwischen der Frau Barbara von Auerswalde und dem Rat zu Chemnitz wird die Frage der Rechtmäßigkeit der Handwerker (auch Leineweber) im Dorfe A. erörtert und zugunsten der Stadt entschieden.[71]

15. *1528* Die Innung zu Zschopau nennt 15 Dorfweber mit 16 Webstühlen in 7 Orten, von denen sich einer in der Meile befindet. Darüber hinaus wird in allen Dörfern derer von Einsiedel „auf vielen Gezeugen" gewebt sowie Garn- und Vorkauf getrieben.[72]

16. *1528* Die Leineweber zu Frankenberg beschweren sich über die Harras von Lichtenwalde, den Abt zu Chemnitz und Günther von Zaschwitz, die in insgesamt 10 Orten eine nicht genannte (weil nicht ermittelte) Zahl von Dorfwebern zum Schaden der Städte arbeiten lassen.[73]

17. *1528* Die Frankenberger Leineweber nennen 27 Weber aus 13 Dörfern, die auf 33 Webstühlen arbeiten (7 Dörfer haben je einen Dorfweber, von denen allerdings 3 auf je 2 Webstühlen arbeiten); darüber hinaus wird den Städten das Garn weggekauft, sowie für Färbereien gearbeitet und selbständig gebleicht.[74]

18. *1528* In einer Beschwerde der Leineweber zu Hainichen werden in 24 Dörfern (davon 6 in der Meile) 47 Dorfweber mit 53 Webstühlen gemeldet (14 Dörfer haben je einen Weber). Es wird „welsche" Arbeit geleistet, d. h. für Färberei und Export gearbeitet, die Lieferung geht nach Freiberg.[75]

19. *1528* Beschwerde von Hainichen über 5 Dörfer mit 19 Webstühlen.[76]

20. *1528* Die Zunft der Leineweber zu Oederan wiederholt eine Beschwerde von 1500 im Zusammenhang mit einer gemeinsamen Aktion einer Reihe von Städten.[77]

21. *1529* In 18 Dörfern der Umgebung von Chemnitz und Frankenberg wird die Zahl von 51 Dorfwebern festgestellt, die gegen die Landesordnung verstoßen.[78]

---

[70] CDS II, 6, Nr. 454.
[71] Loc. 9828, Acta, den Rat zu Chemnitz gegen die Frau von Auerswalde betr. (1527/1531).
[72] Loc. 8746, fol. 79, fol. 91.
[73] Ebenda, fol. 81.
[74] Ebenda, fol. 86; vgl. *Kunze, Arno,* Die Frankenberger Leinwand und das Nürnberger Handelskapital im 16. Jahrhundert. In: „Heimat, Monatsschrift des Altertumsvereins für Frankenberg und Umgebung", X. Bd., S. 67, 1931.
[75] Loc. 8746, fol. 104.
[76] Ebenda, fol. 89.
[77] Ebenda, fol. 77, 77b, (vgl. Regest Nr. 6); die Beschwerden sind nicht identisch.
[78] Ebenda, fol. 119.

22. *1529* Verzeichnis der Feuerstellen und genehmigten Dorfweber aus dem Amt Schellenberg.[79]

23. *1530* Die Innung der Leineweber zu Chemnitz beschwert sich beim Landesherrn über die immer mehr zunehmende Produktion der Dorfweber, die alle Sorten für den Markt herstellen und sie auf den Wochenmärkten, selbst in Chemnitz, feilbieten, ohne daß vor Gericht ein Schutz dagegen zu erlangen wäre. Die Garnversorgung sei gefährdet und überhaupt die Existenz der Meister der Innung in Frage gestellt, weil die Lebenshaltung der Dorfweber wesentlich billiger sei. Wenn sich die Auffassung des Adels, er könne auf den Dörfern weben lassen, soviel er wolle, durchsetzen sollte, so müßten die Stadtweber auf die Dörfer gehen, weil sie dort billiger produzieren könnten.[80]

24. *1530* Die Innung der Leineweber zu Chemnitz teilt dem Landesherrn mit: Auf Vorschlag des Rates wollten sie die Namen der Orte und Dorfweber sowie deren herrschaftliche Zuständigkeit feststellen. Die Dorfweber hätten jedoch davon Kenntnis erhalten und mitteilen lassen, sie würden den Abgesandten des Handwerks der Stadt einen Empfang bereiten, daß jene wünschten, sie wären zu Hause geblieben.[81]

25. *1530* Beschwerde der Innung von Chemnitz gegen 6 Genannte vom Adel, in deren Dörfer sehr viel Landproduktion betrieben wird, ohne daß eine Befreiung von der Landesordnung nachgewiesen sei.[82]

26. *1533* Herzog Georg ermahnt den Geleitsmann von Chemnitz, Übertretungen des Garnhandelsverbotes genauer zu untersuchen.[83]

27. *1533 bis 1536* 42 Lieferanten aus 21 Dörfern der Umgebung von Chemnitz legen 5743 Ballen Leinewand auf die Chemnitzer Bleiche.[84]

28. *1533* Die Innung der Leineweber zu Chemnitz beschwert sich über die von der Innung zu Oederan früher schon festgestellten und ohne Erfolg dem Landesherrn gemeldeten 70 Dorfweber in 6 nicht genannten Orten.[85]

---

[79] Copial 92, fol. 143/44, vgl. den Abdruck bei *Helbig, Herbert*, a. a. O., IV, S. 25ff.; Loc. 8746, fol. 63c—f; zu vergleichen ist der Text, ebenda, fol. 87.

[80] Loc. 9832, Acta die Handwerker und Innungen bei der Stadt Chemnitz betr. (1506—1531) fol. 12f.; im Zusammenhang mit einem Bericht über die Absicht A. v. Einsiedels, seinen Dorfwebern Gesinde und Lehrjungen zu gestatten, schreiben die Chemnitzer (1531, Januar 4), der Landesherr möge das verhindern, damit nicht aus Städten Dörfer und aus Dörfern Städte gemacht würden (Loc. 8746, fol. 146ff.).

[81] Loc. 9832, fol. 14.

[82] Ebenda, fol. 11.

[83] Stadtarchiv Karl-Marx-Stadt, Cap. IX., Za, Nr. 1, fol. 13.

[84] Stadtarchiv Karl-Marx-Stadt, Bleichrechnungen 1533—1536; vgl. den Abdruck bei *Kunze, Arno*, Der Frühkapitalismus, a. a. O., S. 133 und die Anlage VII, unten S. 64f.

[85] LHA Dresden, Loc. 9832, fol. 21; die erwähnte frühere Eingabe habe ich nicht auffinden

29. *1534* In einer gemeinsamen Aktion der Zünfte der Leineweber von 8 Städten wird Beschwerde geführt über 270 Dorfweber in 79 Orten, davon allein südlich Oederan 106 Dorfweber in 7 Orten.[86]

30. *Mitte dreißiger Jahre* In 20 Dörfern des Abts zu Zelle arbeiten 29 Dorfweber auf 35 Gezeugen (davon in 13 Dörfern je einer).[87]

31. *1538* Der Landesherr übermittelt dem Abt zu Zelle, sowie einigen anderen Herren die Beschwerden der Leineweber zu Hainichen und Frankenberg über 49 Dorfweber in 13 Ortschaften.[88]

32. *1540* Die Innung der Leineweber zu Oederan beschwert sich über 176 Dorfweber in 26 Orten.[89]

33. *1540* In 4 Orten des Herrschaftsbereiches der Herren von Lauterstein arbeiten mehr als 40 Dorfweber, 40 Weber in den Dörfern Caspar von Schönbergs und in 7 weiteren Orten eine nicht genannte Zahl von Webern.[90]

34. *1540* In den nicht genannten Dörfern von 9 Feudalherren arbeiten nach Angabe der Innung von Oederan „sehr viele" Landweber unter wohlwollender Duldung der Herrschaften.[91]

35. *1540* Das Handwerk der Leineweber zu Döbeln richtet an den Landesherrn die Bitte, den Störern in der Umgebung der Stadt das Handwerk zu verbieten.[92]

36. *1540 bis 1543* Zeugenaussagen aus einem Prozeß zwischen Städten und dem Ort Langhennersdorf bestätigen, daß in L. seit altersher Leineweber gewohnt und gearbeitet haben; für die Zeit seit 1490 werden dabei die Namen der betr. Weber in Abständen von je 10 Jahren bis in die Gegenwart erfragt und angegeben.[93]

37. *1545* Die Untertanen der Herren von Einsiedel, von Harras und von Hünerkopf sowie des Abtes von Chemnitz werden gerichtlich wegen der Dorfhandwerker befragt.[94]

---

können, möglicherweise enthielt sie wichtige Einzelheiten. Die Veranlassung für die Wiederholung war der Brief der Oederaner (Loc. 8746, fol. 158).

[86] Ebenda, fol. 237ff.

[87] Ebenda, fol. 239.

[88] Ebenda, fol. 249f.

[89] Ebenda, fol. 257.

[90] Loc. 9897, fol. 24.

[91] Ebenda, fol. 21 ff.

[92] Loc. 9834, Des Raths zu Döbeln usw. fol. 34ff.

[93] Loc. 8746/4, Acta in Sachen des Leineweberhandwerkes zu Rochlitz, Geithain, Chemnitz und Konsorten, Kläger an einem, die Dorfweber zu Langhennersdorf, Beklagte, am anderen betr.; ausführliche Interpretation bei *Heitz, Gerhard,* Dorfweber und Sozialstruktur, a. a. O., S. 172ff.

[94] Stadtarchiv Karl-Marx-Stadt, Cap. IX., Sek. Aa, Nr. 2.

38. *1549* Auf Ersuchen der Zünfte zu Rochlitz, Geithain und Mittweida weist der Landesherr den Schößer von Rochlitz an, gegen die Dorfweber vorzugehen.[95]

39. *1553* Beschwerdeartikel der Leineweber zu Chemnitz.[96]

40. *1555* Im sogenannten Grimmschen Vertrag [97] wird die Zahl der Dorfweber in den früher meistens dem Abt von Chemnitz unterstehenden Orten festgelegt.[98]

41. *1555* Kurfürst August wiederholt die Dorfhandwerkerbestimmungen der Landesordnung von 1482 wörtlich.[99]

b) Die örtliche Verbreitung

Wir untersuchen jetzt die Dörfer, in denen Leinen erzeugt worden ist, um eine genauere Vorstellung vom Ausmaß der Landproduktion zu vermitteln. Tabelle I bietet eine Übersicht über diejenigen Dörfer, für die aus dem untersuchten Zeitraum Zahlen oder gar Namen von Dorfwebern zu ermitteln waren. Es scheiden dabei alle Orte aus, bei denen die Ortsherrschaft eine nähere Untersuchung durch die Vertreter der Städte zu verhindern wußte oder von denen die Stadt nur feststellte, daß sie entgegen der Landesordnung oder alter Gewohnheit Leinewand produzierten. Auch die Orte, für welche nur einige summarische Angaben über die Zahlen der Dorfweber und den zuständigen Ortsherrn ermittelt worden sind, konnten in den Tabellen nicht berücksichtigt werden.

Tabelle I. Alle zwischen 1487 und 1555 in städtischen Klagen erwähnten Dörfer mit der höchsten Zahl festgestellter Dorfweber

I Zahl der Weber im Ort
II Zahl der entsprechenden Orte
III Weber in den entsprechenden Orten

	Gruppe A (1—2 Weber)			Gruppe B (3—7 Weber)					Gruppe C (8 und mehr Weber)										
I	1	2	1—2	3	4	5	6	7	8	9	10	11	12	15	16	18	21	23	50
II	82	38	120	28	17	8	5	—	4	2	1	1	2	1	1	4	1	1	1
III	82	76	158	84	68	40	30	—	32	18	10	11	24	15	16	72	21	23	50

95 LHA Dresden, Coll. Schmid., Amt Rochlitz, Vol. V., Nr. 45.

96 Ebenda; diese Artikel sind von *Kunze, Arno,* Das oberdeutsche Handelskapital, a. a. O., S. 115 benutzt und teilweise abgedruckt worden.

97 Loc. 9832/2a, Grimmscher Originalvertrag (1555).

98 Dabei wurde ein sehr scharfer Maßstab angelegt und im höchsten Falle zwei Dorfweber genehmigt.

99 Codex Augusteus, I, Sp. 65.

Ergebnisse:
(DW = Dorfweber)

Gruppe A	120 Dörfer d. h. 60,9%	mit 158 DW, d. h. 23,5%
Gruppe B	58 Dörfer d. h. 29,4%	mit 222 DW, d. h. 33,1%
Gruppe C	19 Dörfer d. h. 9,7%	mit 292 DW, d. h. 43,4%
Insgesamt	197 Dörfer	mit 672 DW

Es können drei Gruppen von Dörfern unterschieden werden. Gruppe A umfaßt alle Orte, die einen oder zwei Weber haben. Das entspricht zwar nicht der Landesordnung von 1482, wohl aber einer anderen Anordnung des Landesherrn[100], für kleine Orte einen, für große zwei Weber zu gestatten. Es gab auch Fälle, in denen drei oder gar vier Weber offiziell erlaubt waren[101], doch ist das durchaus die Ausnahme und im übrigen bereits eine Sanktionierung der dem städtischen Produktionsmonopol entgegengesetzten Entwicklung der ländlichen Textilproduktion. Eine solche — von den Vertretern des Landesherrn, der Städte und der örtlichen Feudalgewalten vereinbarte — Genehmigung drückt die Stärke des Landes aus, und die betreffenden Orte tauchen in der Gruppe B auf. Im allgemeinen dürfte der Grundsatz der Stadt, daß die ländliche Produktion nur der Befriedigung des lokalen Bedarfs dienen sollte, in den Orten der Gruppe A verwirklicht worden sein. Man darf allerdings auch nicht übersehen, daß es in vielen Fällen, je nach der Größe des Ortes und der Entfernung der Stadt, zu einer für den Markt bestimmten Produktion kommen konnte.[102] Im einzelnen ist das aus den Quellen nicht zu entnehmen und auch nicht sicher abzuschätzen. Auf alle Fälle war es für die gesamte Marktlage schon von entscheidender Bedeutung, daß ein sehr großer Teil der Dörfer von einer Belieferung mit leichten Gebrauchstextilien völlig unabhängig war. Das betraf auch nicht nur die Dörfer, in denen Weber zugelassen waren, sondern es griff darüber hinaus, wie folgendem interessanten Beispiel zu entnehmen ist. Im Jahre 1532 kam es zu einem Streit zwischen der Innung von

[100] *Görlitz, Woldemar,* a. a. O., S. 223 Anm. 1, 2. Diese Auffassung begegnet zum ersten Male 1477 (CDS II, 6, Nr. 265; vgl. *Aubin-Kunze,* Leinenerzeugung, a. a. O., S. 10. und oben S. 20)

[101] So heißt es z. B. von Eppendorf (Loc. 8746, fol. 63), daß dort bei 81 Feuerstellen 4 Dorfweber genehmigt seien (vgl. auch Cop. 92, fol. 143f.). Im Jahre 1530 (Landsteuerregister 305/Nr. 20) zahlen dort 71 Personen Steuer. Von ihnen veranlagten 15 Personen 12 ß Gr. und weniger und sind als Gärtner anzusprechen. Das Hauptgeld wurde von 93 Personen gezahlt (Hausgenossen und Gesinde). Im Jahre 1551 (die folgenden Zahlen: Historisches Ortsverzeichnis, bearb. von Kh. Blaschke, 1957, S. 292ff. abgek. HOV), verzeichnet das Amtserbbuch von Augustusburg 60 besessene Mann, 12 Gärtner, 19 Häusler und 57 Inwohner, während das Landsteuerregister 339 aus dem gleichen Jahre 55 besessene Mann, 37 Häusler und Gärtner, sowie 20 Dienstboten nennt. Man sieht hier, wie die untere Schicht der besessenen Mann (Hufner) von den Häuslern und Gärtnern nicht mehr scharf zu trennen ist. Eppendorf war Amtsdorf und lag in der Meile von Freiberg; vgl. *Langer, Johannes,* Die Freiberger Bannmeile. In: „Mitteilungen des Freiberger Altertumsvereins", Bd. 65, 34 (1935).

[102] Vgl. unten S. 63ff. an Hand der Bleichrechnungen.

Geithain und Ritter Wolf von Ossa. Die beiden Weber von Seiffersdorf hatten nämlich Kundenproduktion für Bewohner umliegender Dörfer getrieben und damit die ihnen auferlegte Beschränkung durchbrochen.[103] Die Leineweberinnung von Geithain hatte sich daraufhin (in einem mir nicht bekannt gewordenen Schreiben) über Dorfweber in den Gerichten des von Ossa beschwert. Gegen die ohne sein Wissen vorgenommene Untersuchung verwahrte sich dieser in einem Schreiben an den Landesherrn. Genaueres über die Vorgänge erfahren wir dann aus einem Bericht, den der Amtmann von Rochlitz an den Landesherrn gab. Darin wird Ossa beschuldigt, die Dorfweber begünstigt und die seit langem von der Stadt gegen diese erhobenen Beschwerden mißachtet zu haben. Der Eingriff sei völlig in Ordnung und durch einen seiner Landsknechte unterstützt worden. Neben grober Leinwand sei auch „schmales" Kaufmannsgut gefunden und sichergestellt worden. Es seien auch drei, nicht zwei Dorfweber, wie Ossa behauptete. Nachdem Herzog Georg dem Ossa dies mitgeteilt hatte, fand eine Untersuchung der Angelegenheit an Ort und Stelle statt, deren Ergebnis in einem Protokoll niedergelegt wurde. Dort wird festgestellt, daß die Dorfweber von Seiffersdorf[104] für Kunden aus benachbarten Orten, Wickershain[105] und Dölitzsch[106] gearbeitet hätten. In diesen Orten waren Dorfweber nicht zugelassen und auch nicht vorhanden. Diese indirekte Übertretung der landesherrlichen Anweisung hat den Schiedsrichtern offenbar viel Kopfzerbrechen bereitet, denn die beiden Dorfweber in Seiffersdorf waren nicht zu verbieten. Die Lage des Dorfes innerhalb der Meile von Geithain hat man nicht beachtet, weil man offenbar den Grundsatz „ein Viertelwegs" aus der Landesordnung anwendete.
Wickershain dagegen liegt unmittelbar bei Geithain und sollte von der Stadt aus versorgt werden. Das Ergebnis der Untersuchung war ein Vergleich, der die Dorfweber außerordentlich glimpflich behandelte. Dabei ist zu beachten, daß der eine der beiden Schiedsrichter, Ritter Wolf vom Ende, selbst Herr über Dörfer war, die in solche Streitigkeiten, meist mit Rochlitz, verwickelt waren.
Bei der Festlegung, daß kleine Dörfer einen Weber, große zwei halten dürfen, ist, soweit ich sehe, niemals eine genaue Angabe über die Grenze zwischen „klein" und „groß" gemacht worden. Hier lag auf alle Fälle die Ursache zu mancherlei Auseinandersetzungen oder doch zumindest der Keim für solche Streitigkeiten. Klarer ist dann die Feststellung, daß auf je 20 Haushaltungen oder Feuerstellen ein Dorfweber genehmigt sein sollte.[107] Aber die zur Kontrolle angefertigten

103 Über die Einzelheiten unterrichtet Loc. 8746, fol. 149ff., fol. 167ff.
104 Seiffersdorf hatte (HOV, S. 146) 1548/1551 28 Besessene Mann und 54 Inwohner.
105 Wickersheim hatte (ebenda, S. 149) 1548 34 Besessene Mann und 27 Inwohner.
106 Dölitzsch hatte (ebenda, S. 248) 1548 10 Besessene Mann und 4 Gärtner.
107 Vgl. z. B. Copial 85, fol. 205. Loc. 8746, fol. 105 findet sich die folgende Formulierung Georgs vom Jahre 1528: „das alwege in einem dorff da zwantzig sesshaft menner in sein ein leyneweber gehalten, desgleichen wo mehr als viertzig, sechtzig wohnten, das alweg uff zwantzig ein leyneweber gehalten werde". Demnach bis 20 kein Weber, ab 40 zwei, ab 60 drei usw. Das entspricht auch etwa den Verhältnissen in Dresden, die *Mating-Stammler, A.*, Der Kampf der kursächsischen Leineweber um ihre Ehrlichkeit

Listen[108] lassen erkennen, daß man auch für Dörfer, die weniger als 20 Haushaltungen aufzuweisen hatten, Ausnahmen machte. Der Begriff der Feuerstelle oder Haushaltung ist dabei nicht einwandfrei definiert worden, so daß man nicht mit Bestimmtheit feststellen kann, ob darunter nur die Hufnerstellen allein, oder auch die Häusler bzw. Gärtner verstanden wurden. In den näher untersuchten Dörfern kann man zwar mitunter eine Übereinstimmung zwischen der Zahl der Hufner und Gärtner einerseits und den angegebenen Feuerstellen andererseits feststellen, doch ist das keineswegs immer der Fall. Die Häusler scheint man überhaupt nicht berücksichtigt zu haben. Die Frage ist also noch ungeklärt und auch schwer zu klären, da wir kaum noch zu erkennen vermögen, von welchen Grundsätzen man sich bei diesen Bestimmungen hat leiten lassen.[109] Wenn wir die Dörfer der Gruppe A hinsichtlich der Zahl der Steuerzahler (SZ) genauer betrachten, so erhalten wir folgende Ergebnisse[110]:

Es gab	82 Dörfer mit einem Weber
davon hatten	58 Dörfer bis zu 20 SZ
	15 Dörfer 21—30 SZ
	6 Dörfer mehr als 31 SZ
	3 Dörfer waren ohne Angabe
Daneben gab es	38 Dörfer mit je 2 Webern
davon hatten	20 Dörfer bis zu 20 SZ
	10 Dörfer 21—30 SZ
	4 Dörfer 31—40 SZ
	4 Dörfer mehr als 40 SZ

(Programm der Realschule Rochlitz, 1879, S. 15), untersucht hat: „Dresden hatte im Jahre 1540 das Recht, auf den benachbarten Dörfern, falls sie nicht wenigstens 24 Bauern zählten, das Weben zu verbieten. Stieg die Zahl der Bauern auf 24, so war ein Leineweber gestattet, der aber nur für die Bauern und sich selbst, nicht für den Verkauf arbeiten durfte. Die 24 taucht als Mindestzahl auch in der südlichen Oberlausitz auf, wo im 16. Jh. die Zunftordnung von 1500 und ihre Bestätigung von 1524 eine gleichlautende Bestimmung enthalten. (Vgl. *Wauer, Eduard*, Geschichte von Eibau und Neueibau, Dresden 1913, S. 127f.).

108 Z. B. Copial 92, fol. 143f.; vgl. den Abdruck bei *Helbig, Herbert*, a. a. O., IV, Nr. 298. In der gleichen Quelle wird auch der Grenzfälle gedacht. Es heißt, daß ab 31, 51 usw. Feuerstellen je ein weiterer Weber zu den gleichen Bedingungen genehmigt sein soll. Diese Erleichterung galt nur für das Amt Schellenberg und drückt die Stärke und Hartnäckigkeit der Landproduzenten aus. Sie wurde später auf die Dörfer des Amts Chemnitz ausgedehnt. Es kommt für uns jedoch auf die allgemeinen Verhältnisse an, die daher den folgenden Betrachtungen zugrunde liegen.

109 Auch bei *Görlitz, Woldemar*, a. a. O., S. 220, fand sich kein derartiger Hinweis, obwohl es ihm doch gerade auf die Darstellung der Grundsätze der Regierung ankam.

110 Es liegen die Zahlen des Historischen Ortsverzeichnisses (bearb. Kh. Blaschke) für 1548/1552 zugrunde. Gegenüber der früher von mir vorgelegten Untersuchung (vgl. den Abdruck als Arbeitsbericht Nr. 4 des Forschungsseminars Prof. Kuczynski, Manuskript vervielf., o. J. 1954, S. 14ff.) ergeben sich damit eine Reihe von Veränderungen. Zwar sind die Steuerregister des Jahres 1530 und andere von mir benutzte Quellen in

Daraus ergibt sich, daß in der großen Mehrzahl dieser Dörfer mehr Weber arbeiteten, als die Städte maximal genehmigt hatten. Demgegenüber erscheint es als eine verzweifelte Handlung der Stadt Chemnitz, wenn, wie früher schon berichtet, von den 18 in Jahnsdorf vorhandenen Webstühlen 16 vernichtet wurden und nur zwei als der Ordnung nicht widersprechend unversehrt blieben.[111] In Jahnsdorf gab es 1530 nachweislich 42 Besessene Mann[112], und formal war die Stadt völlig im Recht.[113] Doch die Jahnsdorfer Weber waren mit solchen Methoden nicht zu beseitigen, und im Jahre 1534 gab es dort bereits wieder 10 Weber.[114]

Die Gruppe B umfaßt alle Orte, in denen drei bis sieben Weber als Produzenten anzutreffen waren, während die Orte mit acht und mehr Webern die Gruppe C bilden. Die Grenze zwischen Gruppe B und C ist ziemlich deutlich erkennbar, man muß dabei vom Kräfteverhältnis zwischen Stadt und Land ausgehen. Bei Orten mit acht und mehr Webern ist eine namentliche Nennung sehr selten. In Gruppe C begegnen uns nur für Hartmannsdorf (zwischen Burgstädt und Limbach) 1487 neun namentlich genannte Weber[115], für Langhennersdorf 1530 achtzehn Weber[116], für Jahnsdorf 1518 neun Weber[117] und für Rossau 1534 neun mit Namen genannte Weber[118]. Meistens reichte die Kraft der Städte nicht aus, um in solchen Orten eine nähere Untersuchung an Ort und Stelle vorzunehmen. Die Dörfer der Gruppe C werden im folgenden als Weberdörfer bezeichnet. Es besteht ein Unterschied zwischen diesen und den Weberdörfern des 18. und 19. Jh., doch haben die Leinenproduktion und die mit ihr verbundenen Tätigkeiten in einer für das 16. Jh. bemerkenswerten Weise das Leben der Dörfer bestimmt.

Sehen wir uns die Gruppe B zunächst näher an. Wollte man den Maßstab der städtischen Forderungen und der Einstellung des Landesherrn anlegen, so mußten in den Dörfern dieser Gruppe mindestens 60 Steuerzahler bzw. Haushaltungen oder

---

der Aufzählung der landarmen und landlosen Bevölkerung z. T. ausführlicher, doch waren diese Zahlen nicht für alle Siedlungen zu ermitteln und bei einheitlichem Material wird der Überblick wesentlich erleichtert. Bei solchen in die Breite gehenden Untersuchungen wird der außerordentliche Wert des Historischen Ortsverzeichnisses ganz deutlich und läßt sich wissenschaftlich fruchtbar machen. Es muß noch hinzugefügt werden, daß ich die Zahl der „Besessenen Mann" im Historischen Ortsverzeichnis mit der von den Städten geforderten Zahl der Feuerstellen gleichgesetzt habe, wobei auf die einschränkende Bemerkung in Anm. 107 nochmals verwiesen sei.

[111] CDS II, 6, Nr. 454. Regest. Nr. 13.

[112] Landsteuerregister 309/46; Abt zu Chemnitz. 1548/1551 waren es (HOV S. 286) 44 Besessene Mann, 5 Häusler und 69 Hausgenossen.

[113] Durch diese Handlung der Stadt wird die vorhin gegebene Interpretation der Haltung Georgs bestätigt, daß auf je 20 volle Haushaltungen ein Leinweber produzieren darf.

[114] Loc. 8746, fol. 237 c.

[115] Vgl. Stadtarchiv Karl-Marx-Stadt, Cap. IX., Za., Nr. 1.

[116] LHA Dresden, Loc. 8746, Prozess Langhennersdorf; vgl. *Heitz, G.*, Dorfweber und Sozialstruktur a. a. O., S. 174 und unten S. 59ff.

[117] Loc. 8746, fol. 63b.

[118] Ebenda, fol. 243.

Feuerstellen vorhanden sein. Tatsächlich ergibt sich allerdings ein ganz anderes Bild:

Von diesen 58 Dörfern hatten

10 Dörfer	bis zu 20 SZ	7 Dörfer	51—60 SZ
15 „	21—30 SZ	2 „	mehr als 60 SZ
13 „	31—40 SZ	1 Dorf war ohne Angabe.	
10 „	41—50 SZ		

Tabelle II. Das zahlenmäßige Verhältnis von Steuerzahlern und Dorfwebern in den Dörfern der Gruppe B (3—7 DW)

Zahl der Steuerzahler	Zahl der Dörfer mit 3 DW	4 DW	5 DW	6 DW	Gesamtzahl der Dörfer	Gesamtzahl der Dorfweber
bis 20	5	3	1	1	10	38
21—30	9	2	3	1	15	56
31—40	5	4	2	2	13	53
41—50	4	4	1	1	10	39
51—60	3	3	1	—	7	26
mehr als 60	1	1	—	—	2	7
Ohne Angabe	1	—	—	—	1	3
	28	17	8	5	58	222

Dem früher angeführten Grundsatz „auf 20 Mann 1 Dorfweber" entsprechend, würde also lediglich ein Dorf (Königshain mit 3 Dorfwebern gegenüber 65 Besessenen Mann) den Forderungen der Städte entsprochen haben. Legt man dagegen die erleichternde Bestimmung aus dem Vergleich von 1529 zugrunde, so sind es immerhin vier Dörfer, deren Produktion die von den Städten gezogenen Schranken beachtet haben, nämlich Königshain, Leubsdorf, Neukirchen und Groß-Olbersdorf mit jeweils 3 Dorfwebern. Bei allen anderen Dörfern dieser Gruppe dagegen war an eine Beachtung städtischer Wünsche und Forderungen bzw. der vom Landesherrn erlassenen gesetzlichen Bestimmungen überhaupt nicht zu denken.

Um nun die Verhältnisse in den Dörfern der Gruppe B noch deutlicher zum Ausdruck zu bringen, füge ich eine Aufstellung aller dieser Dörfer bei, aus der die Zahl der Besessenen Mann sowie die Zahlen der Gärtner, Häusler und Inwohner zu erkennen sind. Alle Angaben sind auch hier dem Historischen Ortsverzeichnis entnommen und geben somit den Stand um 1550 wieder (Siehe Tabelle III).

Wir wenden uns jetzt der Gruppe C zu. Bei den Dörfern dieser Gruppe ist eine Untersuchung der Zahlen der Steuerzahler nicht nötig: Keiner dieser Orte hat auch nur annähernd eine seiner Dorfweberzahl entsprechende Anzahl von Steuerzahlern bzw. Feuerstellen. Die größeren unter diesen Orten (z. B. 12 und mehr Weber) würden sich, auf einen Weber je 20 Haushaltungen gerechnet, mit den kleinen Landstädten vergleichen lassen. Im Hinblick auf diese Dörfer erscheint die Frage der Städte gerechtfertigt, ob denn aus Städten Dörfer und aus Dörfern Städte werden sollten.[119]

Tabelle III. Die Sozialstruktur der Dörfer der Gruppe B (3—7 Dorfweber) in der Mitte des 16. Jahrhunderts

Alle Angaben nach dem Historischen Ortsverzeichnis von Sachsen, bearbeitet von K. H. Blaschke, 1957.

	*BM	Gä.	Hslr.	Hgg.		BM	Gä.	Hslr.	Hgg.
3 Dorfweber					*4 Dorfweber* (Forts.)				
Adorf	30	—	6	56	Alt-Chemnitz	41	1	—	105
Arnsdorf	16	—	3	40	Dittmannsdorf	21	—	—	39
Dittersbach	21	—	—	60	Eppendorf	60	12	19	57
Ebersdorf	44	—	—	114	Gränitz	13	—	—	13
Einsiedel	32	—	13	47	Haselbach	15	—	6	25
Erlau	43	—	—	54	Langenau	61	—	—	123
Euba	45	—	32	—	Langenstriegis	40	—	—	79
		(10 Gesinde)			Mittelbach	35	—	6	59
Gersdorf	12	—	7	19	Mühlbach	39	—	—	99
Grießbach	19	—	1	26	Röhrsdorf	50	—	15	113
Grüna	27	—	—	36	Seiffersdorf	46	—	—	46
Hermersdorf	39	39	2	66	Topfseifersdorf	30	—	—	51
Klaffenbach	29	—	—	56	Wiederau	54	—	—	106
Königshain	65	—	—	137	Wiesa	52	—	—	82
Leubsdorf	53	—	14	42	Zschoppelshain	16	—	—	24
Mobendorf	32	—	—	105					
Neuhausen	25	—	—	66	*5 Dorfweber*				
Neukirchen	56	—	—	105	Bockendorf	29	—	—	72
Groß-Olbersdorf	56	6	8	69	Friedebach	44	—	—	96
Ottendorf(Hain.)	22	—	10	70	Garnsdorf	29	—	31	58
Rabenstein	35	—	6	95	Halbach	18	—	—	69
Reichenbach	19	—	—	11	Ottendorf	55	8	7	95
Reichenhain	21	—	2	28	Pfaffroda	23	—	—	59
Sachsenburg	15	—	—	67	Lichtenau	34	23	11	107
Stein	26	—	—	43	Pleissa	36	—	4	81
Gr.-Waltersdorf	38	18	—	48					
Weißbach	28	—	9	38	*6 Dorfweber*				
Wittgensdorf	50	—	10	102	Crossen	41	5	1	59
					St. Niklas Gasse	—	33		54**
4 Dorfweber					Pockau	23	—	—	22
Auerswalde	50	9	6	97	Schönau	11	—	—	23
Cämmerswalde	34	—	—	87	Wegefahrt	28	—	9	49

* Besessene Mann
Gärtner
Häusler
Hausgenossen
** Inwohner (Landlose)

[119] Man vergleiche damit z. B. Lunzenau. Es wird seit 1390 als „stetchen" bezeichnet; dort gab es ursprünglich nur etwa 50 Bürger, 1501 waren es etwa 80 Einwohner, 1530

Tabelle IV. Die Sozialstruktur der Dörfer der Gruppe C (8 und mehr Dorfweber) in der Mitte des 16. Jahrhunderts

Die Anzahl der Dorfweber in Klammern nach dem Ortsnamen, alle Zahlen nach dem Historischen Ortsverzeichnis; die mit Stern versehen Zahlen sind die theoretischen Werte der Besessenen Mann, wenn man pro Dorfweber 20 Steuerzahler rechnet, wie oben S. 30, Anm. 107 dargelegt.

	BM	Gä	Hslr.	Inwohner Hgg. (Landlose)	
1. Blumenau (8)	17	—	—		*151
2. Dorf-Chemnitz (8)	42	7	20	64	*151
3. Claussnitz (11)	46	—	—	127	*211
4. Dörrnthal (22)	18	—	—	50	*431
5. Forchheim (16)	34	3	—	50	*311
6. Görsdorf (12)	21	—	—	25	*231
7. Hartmannsdorf (12)	47	—	4	111	*231
8. Groß-Hartmannsdorf (9)	49	29	—	62	*171
9. Langhennersdorf (18)	68	—	14	101	*351
10. Jahnsdorf (18)	44	—	5	69	*351
11. Leuckersdorf (10)	31	—	2	78	*191
12. Lippersdorf (8)	46	—	5	70	*151
13. Ober-Lungwitz[120] (50)					*991
14. Rossau (9)	72	—	—	114	*171
15. Saida[121] (18)	56	—	—	72	*351
16. Voigtsdorf (23)	56	54	—	67 (Dienstboten)	*451
17. Wernsdorf (18)	10	—	—	—	*351
18. Wüstenbrand (8)	24	—	3	36	*151
19. Zethau (15)	64	—	—	107	*291

170 Einwohner (Deutsches Städtebuch, hg. Keyser, Erich, Bd. II,1941, S. 142, Bearbeiter Löscher, Herrmann); nach HOV S. 253 hatte Lunzenau 1551 60 Besessene Mann und 30 Inwohner, wonach *Blaschke, Karlheinz*, (Zur Statistik der sächsischen Städte im 16. Jahrhundert. In: Vom Mittelalter zur Neuzeit, S. 139) 330 Einwohner errechnet. Die Bewohner dieses Landstädtchens stammen noch im 16. Jh. größtenteils aus den Dörfern der Umgebung. 1512 wurde dort eine Leineweberinnung privilegiert, ohne daß wir über die Zahl der Meister unterrichtet wären. Der Unterschied zu den Dörfern der Gruppe C bestand hier nur in der Rechtslage, vor allem in der Zunftrechterteilung durch den Landesherrn. Vgl. im übrigen *Löscher, Herrmann* und *Strehle, Johannes*, Geschichte der Stadt Lunzenau. 1933, S. 90f.

120 Für Oberlungwitz fehlen vergleichbare Zahlen; es waren 1497 40 Besessene Mann vorhanden, 1630 waren es 56 sowie 49 Gärtner und 4 Wüstungen. Niederlungwitz hatte 1546 58 Inwohner und 1587 70 Besessene Mann. (Vgl. HOV S. 316).

121 Meine Unterlagen gestatten keine einwandfreie Entscheidung, ob die städtische Siedlung Saida (castrum et civitas 1289, Städtlein 1752), 1551 von 134 Besessenen Mann sowie von 207 Inwohnern bewohnt (vgl. HOV S. 308, woraus *Blaschke, Kh.*, Zur Statistik, a. a. O., S. 138, 882 Einwohner errechnete) oder ob Mittel-, Nieder- und Ober-Saida, Amt Marienberg, gemeint ist. Ich habe letzteres angenommen und diese drei Siedlungen als Einheit betrachtet, obwohl das aus den Beschwerden der Zunft nicht hervorgeht. Die angeführten Zahlen sind die Summe der drei Siedlungen (HOV, S. 321).

Fassen wir die Aussagen und die Feststellungen über die örtliche Verbreitung der Dorfweberei zusammen: In 60 Prozent der untersuchten Dörfer produzierten ein oder zwei Dorfweber. Sie decken in den meisten Fällen den Bedarf des Ortes, erfüllen allerdings zum größten Teil nicht die von der Stadt gestellten und vom Landesherrn anerkannten Forderungen hinsichtlich der Zahl der vorhandenen Haushaltungen. Diese Tatsache und die immer anzunehmende Eigenbedarfsdeckung eines Teils der übrigen ländlichen Bevölkerung läßt die Möglichkeit der Marktproduktion offen.

Die Dörfer der Gruppe B machen knapp 30 Prozent aller untersuchten Dörfer aus. Bei ihnen geht die Anzahl der Weber über das genehmigte Maß teilweise schon erheblich hinaus; eine Marktproduktion ist bestimmt betrieben worden. Das trifft besonders auf die Dörfer mit fünf und sechs Webern zu, bei denen auch z. T. die Nähe der Stadt eine unmittelbare Verbindung zum Markt begünstigte.

Bei den 19 Dörfern der Gruppe C (etwa 10 Prozent aller Dörfer) steht die Marktproduktion außer Zweifel. Der großen Menge von Dorfbewohnern entspricht eine etwas höhere Anzahl von Steuerzahlern — die Gemeinden sind also etwas größer —, so daß der notwendige Rückhalt gegen die Stadt und auch gegen die Feudalherren gewährleistet war. Doch zeigt die größere Anzahl von Haushaltungen keine besonders große Zunahme des Eigenbedarfs.

Während in der Gruppe A (der zahlenmäßig stärksten) nur 23,5 Prozent aller Dorfweber und in der Gruppe B 33,1 Prozent arbeiten, produzieren in knapp 10 Prozent aller Dörfer, nämlich in den 19 Weberdörfern, 43 Prozent aller überhaupt ermittelten Dorfweber.

c) Die zahlenmäßige Entwicklung

Wir kennen jetzt den *Zustand*, d. h. wir haben die 197 Leinwand produzierenden Orte unter einheitlichem Gesichtspunkt betrachtet, indem wir sie an einem Punkt ihrer Entwicklung fixiert haben. Das geschah durch die Feststellung der jeweils höchsten nachgewiesenen Anzahl von Dorfwebern innerhalb des untersuchten Zeitraums und durch eine darauf aufbauende Einteilung in Gruppen von Dörfern.

Es ist aber notwendig, daß wir uns die *Entwicklung* genauer veranschaulichen und die Frage stellen: Wie hat sich der von uns geschilderte Zustand im Verlaufe der behandelten Jahrzehnte herausgebildet und geändert und welche Tendenzen hatten diese Veränderungen? Bei der Beantwortung dieser Frage kann nicht für jedes Dorf eine Einzeluntersuchung angestellt werden, wir legen vielmehr drei Querschnitte durch den Zeitraum und vergleichen die Perioden von 1487 bis 1500, von 1521 bis 1530 und von 1531 bis 1540 miteinander. Die Tabellen (V und VII) sind dabei entsprechend den drei Gruppen von Dörfern angelegt.

Das Material bereitete nun einer solchen Untersuchung vor allem die Schwierigkeit, daß nicht alle Orte durch den ganzen Zeitraum verfolgt werden konnten, da die meisten nur gelegentlich auftauchen. Diese Tatsache kann nicht überraschen, wenn wir bedenken, daß alle unsere Unterlagen das Ergebnis einer kämpferischen Auseinandersetzung zwischen Stadt und Land sind und vom Verlauf derselben abhängen. Wir scheiden daher die Masse der nur gelegentlich genannten Dörfer aus und untersuchen zunächst 40 Dörfer, für welche Angaben aus allen drei Perioden vorliegen. Für diese 40 Orte können wir schon jetzt sagen, daß sie dem Produktionsmonopol der Städte besonders hartnäckig widerstanden, es ständig durchbrachen und daß die Leinenproduktion bei ihnen keine temporäre Angelegenheit war, sondern — bald stärker bald schwächer — einen festen Platz im Wirtschaftsleben einnahm.

Tabelle V. Die Anzahl der Dorfweber in 40 in jeder der drei Untersuchungsperioden genannten Dörfer

Periode	Insgesamt		Dörfer mit 1 oder 2	Darin Weber	Dörfer mit 3—7	Darin Weber	Dörfer 8 und mehr	Darin Weber	Durchschnittswerte		
	Dörfer	Dorf-weber							A	B	C
	1	2	3	4	5	6	7	8	9	10	11
1487—1500	40	237	13	21	17	80	10	136	1,6	4,7	13,6
Durchschnitt pro Dorf				1,6		4,7		13,6			
% Anteil	—	—	32,5%	9,4%	42,5%	33,4%	25%	57,2%			
1521—1530	40	250	12	22	19	86	9	142	1,8	4,5	15,7
Durchschnitt pro Dorf				1,8		4,5		15,7			
% Anteil	—	—	30%	8,8%	47,5%	34,8%	22,5%	56,4%			
1531—1540	40	264	13	23	14	61	13	180	1,8	4,3	13,8
Durchschnitt pro Dorf				1,8		4,3		13,8			
% Anteil	—	—	32,5%	8,7%	35%	23,1%	32,5%	68,2%			

Die Anzahl der Weber in diesen 40 Orten (Spalte 2) steigt ständig. Die Gruppe A (Spalte 3) und C (Spalte 7) geben dabei in der zweiten Periode je einen Ort an die Gruppe B ab (Spalte 5). Von 1531 bis 1540 stellen sich dann bei Gruppe A die alte Anzahl und der alte Anteil an der Gesamtanzahl der Dörfer wieder her, während Gruppe C sich nicht unbeträchtlich vergrößert. Das geschieht auf Kosten der Gruppe B, deren Anteil nach dem Höhepunkt der zwanziger Jahre schnell zurückgeht.

Nehmen wir noch die Angaben über die Weber. Ihre Gesamtzahl wächst nicht sehr stark an, doch werden wir noch sehen, daß dieser Zuwachs auf die Verhältnisse zwischen den Gruppen erheblichen Einfluß gewinnt, und insofern spielt weniger die Quantität eine Rolle als vielmehr die Beteiligung der einzelnen Gruppen an diesem Zuwachs. Die Gruppe A (Spalte 4) wächst nämlich nur um jeweils einen Weber an, und es verringert sich infolgedessen ihr Anteil an der Gesamtheit der Dorfweber.

Umgekehrte Tendenz, allerdings viel schneller, zeigt die Entwicklung der Gruppe C (Spalte 8), mit dem Ergebnis, daß in der letzten Periode mehr als zwei Drittel aller Weber in den großen Dörfern arbeiten. Auch diese Entwicklung verläuft auf Kosten der Gruppe B (Spalte 6), die absolut und relativ nicht unbeträchtlich verliert. Die in Spalte 11 angedeutete Entwicklung der Durchschnittszahlen der Dörfer der Gruppe C beleuchtet die soeben geschilderten Veränderungen noch deutlicher. Während nämlich die Anzahl der Dorfweber (Spalte 8) stetig steigt, zeigen die Durchschnittszahlen die Tendenzen, die sich aus dem früher Gesagten ergeben: Anwachsen bis 1530, dann wieder Absinken bis 1540 (d. h. soweit verfolgbar), da jetzt eine Reihe von Orten aus der Gruppe B in die Gruppe der großen Dörfer gelangt und hier sofort die Durchschnittszahlen drückt. Diese Durchschnittszahlen haben natürlich keine reale, aber sie haben symptomatische Bedeutung. Das zeigt sich auch in dem ständigen Absinken der entsprechenden Durchschnittszahlen bei der Gruppe B (Spalte 10).

In der Gruppe C ist zwar in der dritten Periode gegenüber der zweiten ein Absinken der Durchschnittszahlen zu beobachten, gegenüber der ersten aber immer noch eine geringe Erhöhung. Das ist umso wichtiger, als ja Orte der Gruppe B zu „Weberdörfern" geworden sind. Trotz der dadurch zu erwartenden Senkung tritt also noch eine geringe Erhöhung der Durchschnittszahlen ein.

Die Verschiebungen zwischen den Gruppen sollen noch deutlicher gemacht werden durch die Tabelle VI. (Siehe S. 39). Von den 40 Orten blieben insgesamt 21 — abgesehen von kleinen Veränderungen, die die Zugehörigkeit zu der einen oder der anderen Gruppe nicht berührten — konstant. 4 Dörfer verringerten ihre Anzahl so, daß sie einer tieferen Gruppe zugerechnet werden mußten und zwar in einem Falle von C in Gruppe A[122], in einem anderen von C in Gruppe B[123] und in zwei weiteren Fällen von der mittleren in die Gruppe der kleinen Orte. 7 Orte schwankten zwischen A und B, während in 8 Orten die Zahl der Weber sich so erhöhte, daß 3 von A in B, 5 von B in C gelangten. Bei den für uns wichtigsten Dörfern der Gruppe C ergab sich, daß Blumenau, Dorfchemnitz, Großhartmannsdorf, Lippersdorf und Wernsdorf in der dritten Periode zu der Gruppe der Weberdörfer gerechnet werden mußten. In der Gruppe A blieben die Verhältnisse also ziemlich konstant, während in der Gruppe B eine heftige Bewegung zu beobachten ist. Es vollzieht sich schließlich eine gewisse Klärung, die dazu führt, daß eine Reihe von Dörfern den Anschluß an die Weberdörfer erreicht und diese Kategorie außerordentlich stärkt.

Beziehen wir nun die anderen, bisher vernachlässigten Dörfer in unsere Betrachtung mit ein. Es wird sich dann herausstellen, ob die soeben getroffenen Schlußfolgerungen auch eine allgemeinere Bedeutung haben und welche Unterschiede und Gemeinsamkeiten sich aus der Betrachtung der Tabelle VII und dem Vergleich beider ergeben werden (Siehe S. 40).

---

[122] Wüstenbrand, wo noch 1487 8 Weber arbeiteten, hat später jeweils nur 2 Weber.

[123] Die Anzahl der Weber in Claussnitz fällt von 11 auf 6.

Tabelle VI. Alphabetische Liste der 40 in jeder der drei Untersuchungsperioden genannten Dörfer

Name des Dorfes	Zahl der Dorfweber in den Jahren		
	1487—1500	1521—1530	1531—1540
Adorf	2	2	3
Auerswalde	6	2	3
Blumenau	6	6	8
Borna	2	2	2
Cämmerswalde	4	4	2
Alt-Chemnitz	1	2	3
Dorfchemnitz	6	6	8
Claussnitz	11	11	6
Dörrnthal	18	18	22
Ebersdorf	2	3	2
Forchheim	16	16	16
Friedebach	5	5	5
Görsdorf	12	12	12
Gränitz	4	4	4
Grüna	2	2	3
Halbach	5	5	4
Harthau	2	1	2
Großhartmannsdorf	7	7	9
Langhennersdorf	10	18	13
Hermersdorf	2	3	2
Jahnsdorf	12	18	10
Kändler	2	1	2
Langenau	4	4	4
Lichtenau	3	6	6
Lippersdorf	6	6	8
Neukirchen	2	3	2
Pfaffroda	3	3	5
Pleissa	1	2	2
Pockau	6	6	6
Reichenhain	2	3	2
Röhrsdorf	3	2	3
Rabenstein	1	3	2
Saida	15	15	18
Schönau	6	6	1
Thiemendorf	1	1	1
Voigtsdorf	21	21	23
Wegefahrt	3	3	6
Wernsdorf	3	3	18
Wüstenbrand	8	2	2
Zethau	13	13	15

Tabelle VII. Die Anzahl der Dorfweber in allen zwischen 1487 und 1555 genannten Dörfern

Periode	Insgesamt		Dörfer mit 1 oder 2	Darin Weber	Dörfer mit 3—7	Darin Weber	Dörfer 8 und mehr	Darin Weber	Durchschnitts- werte		
	Dörfer	Weber							A	B	C
	1	2	3	4	5	6	7	8	9	10	21
1487—1500	65	287	34	51	20	91	11	145	1,5	4,5	13,1
Durchschnitt pro Dorf				1,5		4,5		13,1			
Anteil in Prozent	—	—	52,3%	17,9%	30,7%	31,6%	17,0%	50,5%			
1521—1530	107	388	62	90	34	136	11	162	1,4	4,0	14,7
Durchschnitt pro Dorf				1,4		4,0		14,7			
Anteil in Prozent	—	—	58,0%	23,2%	31,7%	35,1%	10,3%	41,7%			
1531—1540	109	414	60	82	34	134	15	198	1,3	3,9	13,2
Durchschnitt pro Dorf				1,3		3,9		13,2			
Anteil in Prozent	—	—	55,1%	19,8%	31,2%	32,4%	13,7%	47,8%			

Bemerkung: Die 50 Dorfweber in Ober-Lungwitz, die 1487 von der Innung zu Chemnitz genannt werden, sind in dieser Tabelle nicht enthalten. Zwar ist der Text der Beschwerde ganz eindeutig und zuverlässig, und Ober-Lungwitz bleibt selbst bei Abzug der Saisonweber das größte Weberdorf des Untersuchungsgebietes, aber ich wollte die Aussage der Tabelle nicht durch eine so außergewöhnlich hohe Weberzahl beeinflussen; umso gültiger ist die erkannte Tendenz.

Die völlig anderen absoluten Zahlen rufen nun auf den ersten Blick den Eindruck hervor, als sei an einen solchen Vergleich nicht zu denken. Doch für uns kommt es ja weniger auf die Höhe der Zahlen, als auf die Tendenzen an, die sich für die verschiedenen Gruppen und Perioden feststellen lassen. Aus den Spalten 1 und 2 erfahren wir, daß die Zahl der Orte ganz erheblich ansteigt. Damit fehlt unseren folgenden Aussagen die einheitliche Grundlage, die wir bisher besaßen, denn die Zahl der Orte erfährt ja nahezu eine Verdoppelung. Langsamer wachsen die Zahlen der Dorfweber. Auch das ist einleuchtend, denn hier (Spalte 3 und 4) wirken sich die besonders stark ansteigenden Zahlen der Orte mit 1 oder 2 Webern aus, die wiederum eine Erscheinung des sich verstärkenden Kampfes zwischen Stadt und Land darstellen. Wir müssen scharf trennen zwischen den Daten, die durch den Verlauf dieses Kampfes entscheidend bestimmt sind, und solchen, die davon ganz oder nahezu unabhängig sind. Was in der Gruppe A vor sich geht, hat für uns in erster Linie die Bedeutung, daß wir die breite Entwicklung der Landproduktion in ihren kleinsten Stützpunkten fassen können, wo zwar keine überragende Marktproduktion zu erwarten ist, wohl aber der Eigenbedarf gedeckt wird und dem städtischen Produzenten der Absatz und die Rohstoffe zugleich entzogen werden. Die Feststellung einer so großen Zahl von kleinen Orten war vor allem die Folge der verschärften Kontrolltätigkeit der Städte um 1530. Sie nimmt bezeichnenderweise nach 1530 sehr schnell relativ ab.[124] In gewisser Weise macht sich diese Abhängigkeit vom Feststellungsverfahren der Zünfte auch bei der Gruppe B bemerkbar und wirkt sich hier in einer Stagnation in der dritten Periode aus. Weniger oder gar nicht von dem Verlaufe der Auseinandersetzung beeinflußt erscheinen die Weberdörfer. Die ökonomische Bedrohung der Städte, die von ihnen ausging, wurde schon so früh erkannt, daß die Zuspitzung des Kampfes um 1530 nur zur Präzisierung der früheren Dorfweberangaben geführt hat. Wenn wir auch annehmen müssen, daß durch Quellenstudium wohl noch weitere Orte der Gruppe C ermittelt werden können, so kann doch gesagt werden, daß ihre Zahl sich nicht wesentlich erhöhen wird.[125]

Bei der Beurteilung der Ergebnisse unserer Analyse muß man sich vergegenwärtigen, daß die Grundlage nicht einheitlich war. So ist es ein wesentlicher Unterschied, daß wir in einem Falle (Tabelle V) die von der Stadt am hartnäckigsten kontrollierten und bekämpften Orte vorfanden, im anderen Falle (Tabelle VII) eine sehr große Zahl von Orten, die, teils nur gelegentlich, teils ohne Störung durch die Stadt, Leineweber beschäftigten. Wir können weiter feststellen, daß in Tabelle V durch den Zustrom so vieler neuer Dörfer der Gruppe A eine gänzlich andere Verteilung der Dörfer auf die drei Gruppen eintrat.

Gemeinsamkeiten zwischen Tabelle V und VII können wir in den folgenden Punkten feststellen:

1. Die Ausgangsposition der ländlichen Leinenproduktion am Ende des 15. Jh. ist stark.
2. Die Zahl der Weber (Spalte 2) steigt durchgehend.
3. Die Gruppe B (Spalten 5 und 6) erreicht im Jahrzehnt von 1521 bis 1530 absolut und relativ den Höhepunkt ihrer Entwicklung.
4. Die Dörfer der Gruppe C (Weberdörfer) setzten sich nach einer gewissen Stagnation in den zwanziger Jahren im letzten Jahrzehnt eindeutig durch und bilden das Rückgrat der ländlichen Leinenproduktion.
5. Die Gesamtentwicklung der Landproduktion ist gekennzeichnet durch:
   a) Stagnation der Entwicklung der kleinen Dörfer (Gruppe A),
   b) Rückgang der Dörfer mittlerer Größe (Gruppe B),
   c) wachsende Bedeutung der Dörfer der Gruppe C.
6. In den letztgenannten „Weberdörfern" produzieren schließlich 47,8 Prozent aller Weber (Tabelle VII, Sp. 8) bzw. 68,2 Prozent der Weber aus den 40 untersuchten Dörfern (Tabelle V, Sp. 8). Man kann daher von einer gewissen Konzentration der ländlichen Leinenproduktion sprechen.

---

[124] Immerhin zeigt die Analyse der Bleichrechnungen (vgl. unten, 63 ff.), daß die Rolle dieser Dörfer auch hinsichtlich der möglichen Warenproduktion nicht unterschätzt werden darf.

[125] Heute läßt sich feststellen, daß in den vergangenen Jahren bemerkenswerte Ergebnisse nicht erzielt worden sind, obwohl ich von verschiedenen Kollegen auf Zufallsfunde ländlicher Leinenproduktion hingewiesen wurde.

III. DIE PRODUKTIONSVERHÄLTNISSE

a) Die Sozialstruktur der ländlichen Bevölkerung

Die Agrarverhältnisse Sachsens sind seit langem, vor allem durch R. Kötzschke und seine Schule, sehr gut untersucht, und wir besitzen zahlreiche Spezialarbeiten. Allgemeinere Probleme wurden für die Frühzeit von E. O. Schulze, für den uns besonders interessierenden Zeitraum von F. Lütge[126] und schließlich von R. Kötzschke selbst in einem Werk, dessen Erscheinen er nicht mehr hat erleben können, dargelegt.[127] Für uns ist das Buch von F. Lütge als Ausgangspunkt wichtig, da er den Schwerpunkt auf die Untersuchung der Rechtsverhältnisse legt, während wir versuchen wollen, der Problematik der ökonomischen Lage, der Besitzgrößen vor allem hinsichtlich der Dorfweber, nachzugehen.
Man wird dabei, wenn man eine Untersuchung der Produktionsverhältnisse vornimmt, die von Lütge getroffene Einteilung der Bevölkerung in Gruppen nicht ohne weiteres übernehmen können. Allzu starr ist das von ihm gegebene Schema[128], und er selbst muß von den verschiedenen angeführten Besitzrechten der Bauern sagen, daß sie „im Laufe der Zeit immer gleichförmiger wurden und oft kaum noch zu unterscheiden waren und in der Praxis auch kaum unterschieden wurden“[129]. Was in der Praxis entscheidend war, das war eben die Besitzgröße, und so ist die gesamte Einteilung Lütges geeignet, die in den Dörfern des 16. Jh. vorhandenen Unterschiede ökonomischer und sozialer Art zugunsten eines unklaren „Bauern“-Begriffes verschwinden zu lassen. Wenn beispielsweise die Häusler „im Prinzip ohne landwirtschaftlichen Betrieb“ sind[130], so erhebt sich die Frage, wie man sie

---

[126] Die mitteldeutsche Grundherrschaft. Jena 1934, zweite Auflage Stuttgart 1957 (Quellen und Forschungen zur Agrargeschichte. Hg. von *Lütge, Friedrich, Franz, Günther, Abel, Wilhelm,* Bd. IV). Diese zweite Auflage habe ich ausführlich rezensiert in „Zeitschrift für Geschichtswissenschaft“, VI, 1389ff. (1958); alle Seitenzahlen beziehen sich, soweit nicht ausdrücklich anders vermerkt, auf die zweite Auflage.

[127] *Kötzschke, Rudolf,* Ländliche Siedlung und Agrarwesen in Sachsen. Forschungen zur Deutschen Landeskunde, Bd. 77, Remagen 1953, hg. von Helbig, Herbert.

[128] *Lütge, Friedrich,* Die mitteldeutsche Grundherrschaft, a. a. O., S. 45ff.

[129] Ebenda, S. 92.

[130] Ebenda, S. 49.

überhaupt als Bauern bezeichnen kann.[131] Noch größere Bedenken stehen der Zuweisung der Hausgenossen zu den Bauern entgegen.
Man muß sich bei der Betrachtung der Agrarverfassung des 16. Jh. die Tatsache vor Augen halten, daß die feudale Produktionsweise in eine schwere Krise geraten war. Die Versorgung der unmittelbaren Produzenten mit Land, d. h. ihre organische Verbindung mit den Produktionsmitteln, konnte für eine große Anzahl von Menschen nicht mehr gewährleistet werden.

Die Ursache dafür war das außerordentliche Wachstum der Produktivkräfte. Darauf aufbauend entwickelte sich eine Warenproduktion, die den größten Teil der unmittelbaren Produzenten und den gesamten Adel ergriff und beide vor völlig neue Probleme stellte, wie sie sich aus der Notwendigkeit und Möglichkeit marktwirtschaftlicher Verwertung der Produkte ergaben. Begünstigt und angeregt wurde die Warenproduktion *aller* ländlichen Produzenten durch die seit dem Ende des 15. Jh. steigenden (bis 1530 sich verdoppelnden) Getreidepreise.[132] In diesem Prozeß des Wachstums der Produktivkräfte spielten auch die Zunahme der Bevölkerung[133] und die wachsende Produktionserfahrung eine große Rolle. Damit aber entwickelten sich die Beziehungen der Produzenten zum Boden, d. h. zum Hauptproduktionsmittel dieser Periode, unter gänzlich neuen Bedingungen. Es entstanden neben den Landbesitzern und zum Teil auf Kosten der Größe ihrer Landanteile die Landarmen und daneben in immer schnellerem Tempo auch die Landlosen. Dabei hat die Gestaltung des Erbrechtes eine große Rolle gespielt. Eine Zersplitterung des bäuerlichen Besitzes mußte dessen Leistungsfähigkeit gefährden. Oft war die Mindestgröße durch die Notwendigkeit der Aufrechterhaltung der Spannfähigkeit gegeben, oft verhinderte der Grundherr, schließlich verbot der Landesherr aus steuerfiskalischen Gründen die Zersplitterung. In Kursachsen ist die formelle Festlegung der geschlossenen Vererbung (Anerbenrecht) im Jahre 1628 erfolgt[134], doch war sie lange vorher allgemein üblich.[135] Es ist klar, daß eine solche Entwicklung das Problem der Landlosen

---

[131] *Schlesinger, Walter*, Das Schönburgische Amt Glauchau im 16. Jh. In: „Schönburgische Heimatblätter", 10, S. 15, 1937, stellt den Pferde- und Handbauern die im Verlaufe des 16. Jh. entstehenden Häusler und Gärtner gegenüber. Häusler und Gärtner werden im Amte Glauchau in dieser Zeit nicht unterschieden und im allgemeinen leisten sie Tagelöhnerdienste.

[132] *Pietsch, Ernst*, Wechsellagen der Landwirtschaft im Meißner Kreise während des 16. und 17. Jh., Math.-nat. Diss., ungedr., Göttingen 1950, S. 51ff., weist auf die enge Verbindung der Bauern mit dem Markt hin.

[133] Über die Bevölkerungsbewegung vgl. ebenda, S. 54f.

[134] Vgl. dazu *Lütge, Friedrich*, Die mitteldeutsche Grundherrschaft, a. a. O., S. 68.

[135] *Schulze, Otto Eduard*, a. a. O., S. 205ff.; Der Rechtsakt von 1628 erwuchs aus dem Steuerbedürfnis des Landesherren, dessen bauernfreundliche Politik ja weithin durch solche fiskalischen Gesichtspunkte, allerdings auch durch das Streben nach Erhaltung der Kriegsdienstpflicht der Gemeinden bedingt war. Das Interesse der Herrschaft an der Erhaltung der Bauernstellen als Gesamtheit bestätigt *Görlitz*, a. a. O., S. 131ff. Er führt z. B. an, daß sehr oft Verkauf umstrittener Güter und Teilung des Kaufertrages erfolgte, wenn man sich über die Person des Nachfolgers nicht einig werden

und Landarmen sehr bald verschärfen mußte. Im 15. Jh. und auch später noch hat der Bergbau eine große Anzahl dieser Produzenten aufgenommen und ihnen Arbeit geben können. Daneben aber fanden sie in immer stärkerem Maße in der gewerblichen Produktion des flachen Landes, vor allem auch in der Leinenproduktion, Beschäftigung und haben sich selbstverständlich auch hauptberuflich in der Landwirtschaft betätigt.

Diese Vorgänge, die nicht auf das Untersuchungsgebiet beschränkt waren, führten zu einem Widerspruch zwischen den Produktionsverhältnissen und den Produktivkräften, wie er in dieser Schärfe vorher nicht aufgetreten war. Während der massenweise Übergang zur Warenproduktion den Mehrproduktbedarf des Feudalherrn steigerte, entfielen — mit dem Übergang zur Geldform der Rente, die ihrerseits das Ergebnis der Warenproduktion war — die früher durch die relativ beschränkten Bedürfnisse gebildeten Grenzen der Ausbeutung.[136] Außerhalb der agrarischen Sphäre, im Bergbau, in der Metallverarbeitung und in der Textilproduktion, setzten sich frühkapitalistische Produktionsverhältnisse durch, und das Handelskapital erlebte in ganz Europa eine Blüte, die Marx veranlaßte, von einer Ära des Kapitalismus zu sprechen.

Alles das wirkte zusammen, um die Ansprüche der Feudalherren schneller wachsen zu lassen als die Feudalrente. Während nun einerseits die Produktionsverhältnisse immer starrer wurden — eben zur Sicherung der Rente — wuchs andererseits die Zahl derjenigen Produzenten, die ein solches Produktionsverhältnis gar nicht mehr als gegeben vorfanden bzw. hineinwachsen konnten und sich daher, neben oder ganz außerhalb der Landwirtschaft, dem Gewerbe zuwandten, ohne in die Stadt zu gehen.

Diese allgemeinen Erkenntnisse sind zu berücksichtigen, wenn man die Sozialstruktur der Dörfer im Kern des sächsischen Leinenproduktionsgebietes untersuchen will. Dabei soll nicht die Zugehörigkeit der unmittelbaren Produzenten zu der einen oder anderen Gruppe von „Bauern" entscheidend sein, sondern wir betrachten die Landbevölkerung unter dem Gesichtspunkt ihrer Differenzierung in

Landbesitzer (Hufner, Teilhufner) Landlose (Hausgenossen, Einlieger)
Landarme (Gärtner, Häusler)

Auch bei dieser Einteilung fällt die Schwierigkeit der Abgrenzung der einzelnen Gruppen von einander nicht weg, aber es erscheint mir notwendig, die Bedeutung der Landlosen und Landarmen ganz scharf herauszuarbeiten, weil sie zum Teil als landwirtschaftliche Lohnarbeiter, als Tagelöhner, als Gesinde oder als gewerblich Produzierende tätig waren, und Lenin[137] hat sehr nachdrücklich auf die Bedeutung hingewiesen, die den landwirtschaftlichen Arbeitern mit Landanteil zukommt. Das Interesse der Großgrundbesitzer mit Eigenwirtschaft und der

konnte. Ausführlich zum Erbrecht jetzt *Kötzschke, Rudolf*, Ländliche Siedlung, a. a. O., S. 145ff., für den hier behandelten Zeitraum bes. S. 154f.

136 *Marx, Karl*, Das Kapital. Dietz Verlag, Berlin 1955, Bd. I., S. 243—244.

137 *Lenin*, W. I., Werke. Dietz Verlag, Berlin 1956, Bd. 3. Die Entwicklung des Kapitalismus in Rußland, S. 170. Dabei betont Lenin, wie wichtig die Kenntnis der Agrar-

stärkeren Elemente unter den Bauern an der Versorgung der Landarbeiter mit einem Landanteil war bekanntlich sehr groß, weil dadurch ihre Fluktuation verringert und ein stabiles Angebot gesichert wurde.[138] Andererseits bot der, wenn auch noch so kleine, Landanteil in Zeiten geringerer Nachfrage nach Arbeitskräften dem Inhaber eine gewisse Existenzgrundlage.

Bei der Untersuchung soll auf die gewerblichen Produzenten besonders geachtet werden, d. h. wir verbinden im folgenden die allgemeine Darstellung der Produktionsverhältnisse der landwirtschaftlich tätigen Produzenten mit der der teilweise, vornehmlich oder ausschließlich gewerblich Tätigen. Die Grundlage für die Darstellung bilden dabei die Landsteuerregister, die z. T. durch Benutzung der Amtserbbücher ergänzt, kontrolliert oder ersetzt werden konnten.

Tabelle VIII. Die Sozialstruktur von 80 Dörfern im Kerngebiet der sächsichen Leinenproduktion

Herrschaftsbezirke	Dörfer	a) SZ	Hausgenossen b) Verw.	c) Fr.	d) Gem.	Insges.	e) Ges.	f) Landl.	Insges.
Lichtenwalde	13	298	244	220	4	468	210	678	976
Scharfenstein	12	245	107	75	16	198	186	384	629
Sachsenberg	13	216	82	201	26	309	249	558	774
Oberschöna	6	113	79	32	12	123	55	178	291
v. Schönberg	3	85	49	55	2	106	41	147	232
v. Ende	3	98	89	68	3	160	74	234	332
Nd. Lauterstein	16	202	1	165	8	174	94	268	470
Ob. Lauterstein	14	179	38	126	5	169	73	242	421
Insgesamt	80	1436	689	942	76	1707	982	2689	4125

Diese Zahlen sind nach den Landsteuerregistern der Jahre 1529 und 1530 und nicht nach dem Historischen Ortsverzeichnis ermittelt.

a) Steuerzahler
b) verwandte Hausgenossen
c) fremde Hausgenossen
d) auf Gemeindeland wohnende Hausgenossen
e) Gesinde
f) landlose (Hausgenossen und Gesinde)

Die Tabelle VIII vermittelt einen Überblick über die in 80 Dörfern[139] wohnenden Bauern bzw. Landlosen.[140] Dabei sind die Dörfer der Herrschaften Lichtenwalde und Lauterstein mit Dorfwebern besonders stark durchsetzt.

Bei der Untersuchung der ländlichen Produktionsverhältnisse kann neben den zünftischen Beschwerden und anderen direkten Angaben im allgemeinen auf

verfassung und ihrer historischen Entwicklung für die Einschätzung des Typus „Landarbeiter" ist, während die juristischen Titel, auf die sich der Landbesitz jeweils stützt, für die sozial-ökonomische Klassifikation weniger wesentlich sind.

[138] Auch für Sachsen trifft dieses Interesse zu; vgl. *Lütge, Friedrich,* Die mitteldeutsche Grundherrschaft, a. a. O., S. 49f.

[139] Insgesamt wurden die Landsteuerregister bzw. Amtserbbücher von 159 Dörfern untersucht, von denen jedoch die Hälfte mangels detaillierter Angaben nicht weiter verwertet werden konnten.

zwei Quellen zurückgegriffen werden: die Landsteuerregister und die Amtserbbücher. Wie schon in der Einleitung der Arbeit festgestellt, handelt es sich um zwei besonders zuverlässige und aussagekräftige Quellen, die sich gegenseitig ergänzen und, gemeinsam benutzt und ausgewertet, ein wirkliches Bild der ländlichen Verhältnisse ergeben.

Leider konnte von dieser Möglichkeit einer Kombinierung hinsichtlich der *Dorfweber* kaum Gebrauch gemacht werden, denn die meisten der namentlich genannten Weber sind Beschwerdeschriften aus der Zeit zwischen ca. 1515 und 1540 entnommen. Zu dieser Zeit gab es für unser Gebiet noch keine Amtserbbücher. Landsteuerregister waren allerdings bereits aus dieser Zeit vorhanden, besonders die anläßlich der Türkensteuer von 1529/30 angelegten Verzeichnisse.[141] Eine Benutzung der Amtserbbücher der Mitte des 16. Jh. (1548/1552) war in einzelnen Fällen unumgänglich, mußte aber wegen des Zeitabstandes mit größter Vorsicht erfolgen. Der Rückgriff auf die Landsteuerregister machte sich außerdem deshalb notwendig, weil ja der größte Teil der Dorfweber in adeligen Herrschaftsbereichen wohnte und im Amtserbbuch nicht oder doch nur mit Teilen seines Besitzes oder seiner Verpflichtung erscheint.

So wurden also die Landsteuerregister des Gebietes für 1529/30 möglichst vollständig ausgewertet und je nach Lage und Überlieferung auch auf frühere oder spätere Register zurückgegriffen. Für eine Differenzierung der Landbevölkerung boten sie zwar eine gewisse Grundlage, doch fehlen ihnen zumeist die Angabe der Landgröße. So war auf diesem Wege nur eine Einteilung in Landlose (Hausgenossen oder Gesinde) und Besitzer verschieden großer Landstücke zu erzielen.

Es fand sich jedoch für 13 Dörfer der Herrschaft Lichtenwalde neben dem Landsteuerregister eine überaus ergiebige Quelle: das Zinsregister[142] aus dem Jahre 1514, das im Jahre 1527 den neuen Verhältnissen angepaßt wurde, d. h., es wurden die Namen der neuen Inhaber der einzelnen Bauernstellen eingetragen und Änderungen in der Höhe und der Art der Verpflichtungen vermerkt. Da man hierbei die alten Namen nur durchgestrichen hat, konnte auch für eine Reihe von Dorfwebern aus früheren Jahren die Größe ihres Besitzes und die Höhe ihrer feudalen Verpflichtungen festgestellt werden.

Es waren also für einen kleinen Herrschaftsbereich im Kern des Untersuchungsgebietes sowohl die Steuerunterlagen, als auch die detaillierten Angaben des Zinsregisters von 1514 vorhanden. Da diese Dörfer in jeder Hinsicht als repräsentative Auswahl des Untersuchungsgebietes gelten können und die für 80 Dörfer (einschließlich der 13 Dörfer von Lichtenwalde) benutzten Landsteuerregister von 1529/30 ein hohes Maß an Einheitlichkeit und Ausführlichkeit aufweisen, habe ich eine sozialökonomisch begründete Differenzierung der Landbevölkerung er-

---

[140] Es sei hier ausdrücklich vermerkt, daß das Material nicht unter dem Gesichtspunkt bevölkerungsstatistischer Ergebnisse durchgearbeitet worden ist.

[141] *Görlitz, Woldemar*, a. a. O., S. 366ff.

[142] Loc. 37993 Zinsregister Lichtenwalde (1514).

arbeitet, die jetzt genauer vorgeführt werden soll. Das Zinsregister gibt uns die Landgrößen in Ruten und die Abgaben, bzw. Dienste der Bauern.
Daraus habe ich zunächst um die Hufner (IV) und Halbhufner (II) Gruppen gebildet, doch machte die Differenzierung zwischen diesen beiden Gruppen eine weitere Gruppe (III), um die Dreiviertelhufner, notwendig, während die Teilhufner, die nur eine Viertelhufe besitzen, mit den Gärtnern und Häuslern zusammen als Landarme (I) vereinigt wurden. Schließlich machte sich oberhalb der Vollhufner die Einrichtung einer weiteren Gruppe (V) notwendig, die allerdings nur auf der Basis der 80 Dörfer gebildet wurde.
Nachdem diese 5 Gruppen, deren Kennzeichen der ersten der folgenden Tabellen zu entnehmen sind, auf der quellenmässig gesicherten Grundlage des Produktionsmittelbesitzes ermittelt waren, habe ich die innerhalb dieser Gruppen durchaus unterschiedlichen Steuersummen nach den Landsteuerregistern berechnet, das gewogene arithmetische Mittel gebildet und die gefundenen Gruppenwerte als Kriterien für die weitere Arbeit genommen, da ja für die anderen 67 Dörfer Landbesitzgrößen sonst nicht zu ermitteln waren.
Das Ergebnis dieser Untersuchung, die sich auf keinerlei Vorbilder stützen konnte und die als ein erster Versuch zu werten ist, teile ich in den folgenden, schrittweise das Material vorlegenden und analysierenden Tabellen mit:

Tabelle IX. Tabellarische Analyse (A—G) der sozialökonomischen Differenzierung der Landbevölkerung in 80 Dörfern des Untersuchungsgebietes

A.

Gruppe	Merkmale	Steuerbetrag	Anzahl der SZ	Anteil in Prozent
I	Häusler, Gärtner, Viertelhufner	— 12 β	43	14,0%
II	Halbhufner	13 — 30 β	117	39,3%
III	Dreiviertelhufner	31 — 60 β	107	36,3%
IV	Vollhufner	61 — 100 β	31	10,4%
V	Bauern mit mehr als einer Hufe	über 100 β	—	—
			298	

Die so errechnete Gruppeneinteilung wenden wir nun auf die anderen Dörfer an und stellen beide Ergebnisse einander gegenüber:

B.

Gruppe	80 Dörfer		13 Dörfer	
	Anzahl der SZ	Anteil in Prozent	Anzahl der SZ	Anteil in Prozent
I	147	10,2%	43	14,0%
II	591	41,2%	117	39,3%
III	564	39,5%	107	36,3%
IV	95	6,6%	31	10,4%
V	39	2,5%	—	—
Insgesamt	1436		298	

Es zeigt sich deutlich, daß die Gruppe II und III in ihrem jeweiligen Hauptanteil wiederkehren, bei den 80 Dörfern sogar noch etwas stärker als bei Lichtenwalde. Dafür weist Lichtenwalde eine größere Anzahl von Produzenten der Gruppe I auf, was sich aus der relativ starken Eigenwirtschaft des Feudalgeschlechts der Harras erklärt. Die Stärke der Gruppe IV bei Lichtenwalde findet ihre Erklärung wohl in dem Fehlen der Gruppe von mehr als Voll- oder gar Mehrhufnern.
Wir gehen noch einen Schritt weiter und beziehen (zunächst auf der Grundlage der 13 Dörfer von Lichtenwalde) die Dorfweber in den Kreis unserer Betrachtungen ein. Dabei beschränken wir uns zunächst auf diejenigen Dorfweber, die Land besaßen, um ihnen die ausschließlich agrarisch tätigen Produzenten vergleichend gegenüberzustellen.

C.

Gruppe	Anzahl der SZ	Anteil in Prozent	Anzahl der DW	Anteil in Prozent
I	43	14,0%	3	12,5%
II	117	39,3%	13	54,2%
III	107	36,3%	7	29,2%
IV	31	10,4%	1	4,1%
V	—	—	—	—
Insgesamt	298		24	

Dabei zeigt sich, daß von den 298 Steuerzahlern 24 gewerblich tätig sind. In Gruppe I ist der Dorfweberanteil geringer als bei den Steuerzahlern, desgleichen in Gruppe IV. Hier war die Belastung entweder durch Dienste und Tagelöhnerarbeit (Gruppe I) oder durch die Bewirtschaftung der eigenen Bauernstelle (Gruppe IV) zu hoch, als daß Angehörige dieser beiden Gruppen in erheblichem Umfange hätten gewerblich tätig sein können. Dagegen erweist sich die Gruppe II, die schon bei den Steuerzahlern als stärkste hervortrat, auch in gewerblicher Hinsicht als sehr aktiv, während Gruppe III zwar eine beträchtliche absolute Zahl von Dorfwebern aufweist, aber doch erheblich unter ihrem Anteil an den Steuerzahlern bleibt.

Vergleichen wir jetzt damit die Ergebnisse, die sich bei den 80 Dörfern ergeben:

D.

Gruppe	Anzahl der SZ	Anteil in Prozent	Anzahl der DW	Anteil in Prozent
I	147	10,2%	31	18,3%
II	591	41,2%	85	50,6%
III	564	39,5%	41	24,3%
IV	95	6,6%	11	6,2%
V	39	2,5%	1	0,6%
Insgesamt	1436		169	

Wesentliche Unterschiede ergeben sich bei Gruppe I und Gruppe IV. In der erstgenannten überragt der Dorfweberanteil den der Steuerzahler. Darin zeigt sich, daß die vorher geschilderten Verhältnisse in Lichtenwalde nicht verallgemeinert werden dürfen. Gleichzeitig erfahren wir, daß es im entscheidenden Maße von dem Umfang der adligen Gutswirtschaft, überhaupt der feudalen Belastung abhing, ob Angehörige der Gruppe I den nötigen Spielraum für gewerbliche Arbeit erhalten konnten. Auch bezüglich der Vollhufner der Gruppe IV erkennen wir erhebliche Unterschiede; offen bleibt dabei die Frage, inwieweit von diesen Vollhufnern Dorfweber nur beschäftigt oder beherbergt wurden, deren Namen den beschwerdeführenden Städten unbekannt blieben, so daß sie den „Wirt" der betreffenden Dorfweber beim Landesherrn oder Grundherrn namhaft machten.

Im Gegensatz dazu wiederholt sich der große Anteil bei der Gruppe II, allerdings nicht ganz so überragend wie bei den Lichtenwalder Dörfern. Gruppe III zeigt im wesentlichen das gleiche Ergebnis.

Der wichtigste Eindruck von dieser Betrachtung ist also: Gruppe II ist von allen landbesitzenden Produzenten in gewerblicher Hinsicht am stärksten tätig. Hier, und nur hier, ist der Anteil an den Dorfwebern in jedem Falle größer als an den Steuerzahlern. Bei den Gärtnern und Häuslern war das nur in den 80 Dörfern der Fall, so daß wir hier keine endgültige Entscheidung fällen können.

Wir müssen daher versuchen, dem Material noch weitere Erkenntnisse zu entnehmen und dazu die Landlosen, die Hausgenossen, mit heranziehen. Auf die Verhältnisse der landbesitzenden Produzenten untereinander hat das keinen bestimmenden Einfluß, doch wir müssen uns den hervorragenden Anteil der Hausgenossen an der Gesamtzahl vergegenwärtigen.

E.

Gruppe	Anzahl der SZ	Anteil in Prozent	Anzahl der DW	Anteil in Prozent
I	43	8,2%	3	7,5%
II	117	22,4%	13	32,5%
III	107	20,5%	7	17,5%
IV	31	6,0%	1	2,5%
V	—	—	—	—
Hausgenossen	224	42,9%	16	40,0%
Insgesamt	522		40	

Um Lichtenwalde sind 42,9% aller untersuchten Produzenten Hausgenossen, deren Anteil bei den Dorfwebern etwas geringer ist, nämlich 40%. Dieser hohe Anteil ist — zumal er unter Zugrundelegung eines sehr engen „Hausgenossen"-Begriffs zu verstehen ist — eine wichtige Feststellung. Denn bisher ist die Forschung an den Hausgenossen vorbeigegangen bzw. hat ihnen keine besondere Aufmerksamkeit oder gar eine eingehende Untersuchung gewidmet.

Wenn wir hier noch einmal feststellen, daß der Anteil der Hausgenossen bei den Dorfwebern etwas geringer ist, als an der Gesamtzahl der Produzenten, so wird das durch unsere Übersicht der Verhältnisse in den 80 Dörfern wieder bestätigt.

F.

Gruppe	Anzahl der SZ	Anteil in Prozent	Anzahlder DW	Anteil in Prozent
I	147	6,0%	31	11,0%
II	591	24,9%	85	31,0%
III	564	24,0%	41	15,0%
IV	95	3,9%	11	4,0%
V	39	1,6%	1	0,5%
Hausgen.	942	39,6%	104	38,5%
Insgesamt	2378		273	

Wir beschließen unsere Quellenanalyse, indem wir die Dorfweber und ihre Verteilung auf die verschiedenen Produzentengruppen noch einmal zum Vergleich gegenüberstellen:

G.

Gruppe	80 Dörfer		13 Dörfer	
	Anzahl der DW	Anteil in Prozent	Anzahl der DW	Anteil in Prozent
I	31	11,0%	3	7,5%
II	85	31,0%	13	32,5%
III	41	15,0%	7	17,5%
IV	11	4,0%	1	2,5%
V	1	0,5%	—	—
Hausgen.	104	38,5%	16	40,0%
Insgesamt	273		40	

Zusammenfassend kann man sagen:
Für die Gruppen I, IV und V war der Anteil, den die Dorfweber ausmachen, nicht deutlich genug aus den Quellen zu entnehmen. Dieser jeweilige Anteil hing sehr stark von den örtlichen Besonderheiten ab, und unsere Ergebnisse dürfen nicht verallgemeinert werden. Anders verhielt es sich bei den Gruppen II und III sowie bei den Hausgenossen. Diese drei Gruppen zeigten gleiche Tendenz und fast gleiche Ergebnisse sowohl in 13, als auch in 80 Dörfern. Da sie gleichzeitig die überwiegende Mehrheit der Dorfweber bilden, dürfen wir in ihnen bestimmende Faktoren der ländlichen Leinenproduktion sehen. Besonders wichtig ist aber die Feststellung, daß weder die Gärtner und Häusler der Gruppe I (wie die Forschung meist behauptete), noch die Hausgenossen (wie man nach unserer Untersuchung an Hand ihrer großen Zahl vermuten könnte), sondern die Gruppe II der Landbe-

sitzer das relativ stärkste Kontingent von Dorfwebern stellte, denn dieses überragte bei weitem den Anteil, den diese Gruppe an der Zahl der Landbesitzer überhaupt hat.

Es läßt sich also jetzt genauer feststellen, welche Bedeutung die Produzenten der verschiedenen Gruppen für die ländliche Leinenproduktion gehabt haben.[143] Wir beginnen bei der Gruppe V, die über den größten Landbesitz verfügte. In dieser Gruppe ist die landwirtschaftliche Arbeit unter allen Umständen die Hauptbeschäftigung des Inhabers der Bauernstelle. Diese Tatsache ist so eindeutig, daß es überrascht, aus dieser Gruppe überhaupt einen Dorfweber zu finden. Das gleiche trifft — mit gewissen Abschwächungen — auch auf die Gruppe IV zu. Aus beiden Gruppen stammen die als Richter mit besonderen Aufgaben innerhalb der Dorfgemeinde beauftragten Bauern. Hier waren auch Müller anzutreffen, und einige dieser Bauern sind Besitzer von „Freihöfen", in dem Sinne, daß sie keine Frondienste zu leisten hatten oder zum Brauen und Schenken eine Sonderberechtigung besaßen.

Die beiden nächsten Gruppen, II und III, sind die stärksten; ihr Anteil beträgt jeweils etwa ein Viertel aller untersuchten Produzenten, zusammen bilden sie fast die Hälfte. Ganz anders sieht es allerdings um ihren Anteil an der Zahl der Dorfweber aus. Gruppe II stellt 31%, Gruppe III 15% der Leineweber. Da sie in ihren Rechtsverhältnissen keine bemerkenswerten Unterschiede aufzuweisen hatten, hängt alles von ihrer Belastung durch Frondienste beim Grund- oder Landesherrn ab. Einzelheiten darüber lassen sich nicht zu einer Gesamtaussage vereinigen. Wir haben hier nur festzustellen, daß bei dem größeren Landanteil der Gruppe III jede Belastung durch Dienste stärker wirksam, d. h., die für gewerbliche Produktion zur Verfügung stehende Zeit eingeschränkt werden mußte.

In der Gruppe II dagegen sind die Voraussetzungen für gewerbliche Produktion besonders günstig. Der geringe Umfang des von den Produzenten dieser Gruppe bebauten Bodens zwang sie, sich nach einer nichtagrarischen Nebenbeschäftigung umzusehen. Spinnen und Weben boten die besten Verdienstmöglichkeiten. Auch waren sie in dem untersuchten Zeitraum durch feudale Handdienste nicht so stark belastet, daß ihre gewerbliche Produktion entscheidend behindert worden wäre. Wir werden später noch sehen, daß eine Verstärkung der Warenproduktion in der feudalherrlichen Eigenwirtschaft gerade diese Inhaber von kleinen Landparzellen als Arbeitskräfte heranzog. Ganz anders sieht es bei der Gruppe I aus. Gärtner und Häusler benötigen zur Aufrechterhaltung ihrer Existenz neben ihrem winzigen Landanteil eine zu große Arbeitsleistung usw., die in feudalen Verpflichtungen sowie Tagelöhnerarbeit bei Grundherren und großen Bauern bestanden haben kann. Es ist von den Gärtnern[144] oft ausdrücklich bemerkt

---

[143] Bei der Kennzeichnung der Besitzer von Bauernstellen verschiedener Größe fasse ich mich kurz, da die wesentlichen Merkmale ihrer Lage durch die Literatur häufig erörtert worden sind, während die Hausgenossen eingehender zu behandeln sein werden.

[144] Zu Gärtnern und Häuslern vgl. *Dame, Cai*, Die Entwicklung des ländlichen Wirtschaftslebens in der Dresden-Meißner Elbtalgegend von der Sorbenzeit bis zum Be-

worden, daß sie im Verlaufe des 16. Jh. zahlenmäßig als bedeutende Gruppe auftauchen. Ihre und der Häusler Zahl und ihr Anteil erhöht sich ständig, und schon ein Vergleich mit den Verhältnissen im letzten Drittel des 16. Jh. würde das sicher beweisen. Darüber hinaus sind sie von Anfang an als Arbeitskräfte für die Landwirtschaft in Anspruch genommen worden, ja sie verdanken ihre Existenz und die Versorgung mit Land geradezu dem Bedarf an Arbeitskräften zu einer Zeit, da der Gesindezwangsdienst noch nicht durchgesetzt war. Diese Tatsachen erklären hinlänglich ihre geringe Anzahl und Bedeutung als Leineweber. Gegenüber der These vom vorwiegend handwerklich-gewerblichen Charakter ihrer Existenz ist also Vorsicht am Platze. Die in der Gruppe I erfaßten Produzenten sind als ausgesprochene Landarbeiter mit Landanteil zu bewerten. Es ist auch bezeichnend, daß die Quellen für ihre handwerkliche Tätigkeit meist aus dem 17. und 18. Jh. stammen; im 16. spielen sie diese Rolle noch nicht. Die treffendsten Bemerkungen über diese Gruppe stammen aus dem Buche von Schulze, der auch über ihre Entwicklung gut unterrichtet.[145]

Da die Entwicklung der Hausgenossen mit der des Gesindes, also der anderen großen Gruppe landloser Produzenten, sehr eng verknüpft war, sind hier einige Bemerkungen über die Gesindeprobleme notwendig. Als Grundlage dient dabei die Darstellung R. Wuttkes.[146]

Für das ausgehende 15. Jh. läßt sich aus den Landesordnungen entnehmen, daß die Landesherren den Abzug des Gesindes in andere Gebiete (Saisonarbeit)[147] und den „Müßiggang" dieses Gesindes während des Winters unterbinden wollten. Dies geschah im Interesse des Adels, dem gleichzeitig die Festsetzung von Löhnen zugute kommen sollte. Im 16. Jh. wird diese Politik ohne Konsequenz und ohne Erfolg fortgesetzt. Offenbar gelang es nicht, die Saisonarbeit in angrenzenden Gebieten zu unterbinden oder einzuschränken oder den Lohnfestsetzungen zur Anerkennung zu verhelfen. Eine für das Gesinde ungünstige Maßnahme war die Einführung eines „Abgangszeugnisses". Damit wollte man das Gesinde unter Kontrolle bringen, und jeder Bauer oder Dienstherr hatte seinem abgehenden Gesinde die ordnungsgemäße Abmeldung zu bescheinigen. Zwar dürfte diese

---

ginn des 19. Jahrhunderts. phil. Diss., Leipzig 1911, S. 185, 221; *Schulze, Otto Eduard,* Die Kolonisierung, a. a. O., S. 225, 228f., 230, 235; *Haun, Friedrich Johannes,* Bauer und Gutsherr in Kursachsen. Straßburg 1892, S. 10, 13; *Kötzschke, Rudolf,* Staat und Bauerntum, a. a. O., S. 302; sehr häufig erscheint für sie der Name Handfröner, *Schulze, Otto, Eduard,* a. a. O., S. 225; *Fröbe, Wilhelm,* Herrschaft und Stadt Schwarzenberg bis zum 16. Jahrhundert. Schwarzenberg 1930, S. 194. Gärtner und Häusler sind im 16. Jahrhundert in den meisten Fällen noch nicht ganz scharf zu scheiden. Das betonen besonders *Schulze, Otto Eduard,* a. a. O., S. 229ff. für die allgemeine Entwicklung und *Schlesinger, Walter,* a. a. O., S. 15 für die Glauchauer Gegend.

145 So betont er, a. a. O., S. 230, daß die Häusler die Tendenz zum Erwerb von Land hatten, um vom Tagelöhnerdasein wegzukommen.

146 Gesindeordnungen, a. a. O., S. 3ff.; *Kötzschke, Rudolf,* Ländliche Siedlung, a. a. O., S. 124.

147 *Kötzschke, Rudolf,* Staat und Bauerntum, a. a. O., S. 302, spricht von einer Art Sachsengängerei nach Thüringen und Hessen.

Maßnahme lange Zeit an den Verhältnissen (Schriftlichkeit auf dem Lande!) gescheitert sein, aber es war doch ein erstes Mittel gefunden, um das für den Adel so ungünstige freie Dienstverhältnis des Gesindes zu beschränken. In jahrzehntelangen Auseinandersetzungen versuchte der Adel, sich durch den Gesindezwangsdienst in den Genuß billiger Arbeitskräfte zu bringen. Indem die sächsischen Landesherren in Ausnutzung der steigenden Preise agrarischer Produkte, seit der Mitte des 16. Jh. besondere Sorgfalt auf die Bewirtschaftung ihrer Domänen zu legen begannen, machte sich mit zunehmender Intensivierung des landwirtschaftlichen Betriebes auch bei ihnen der Mangel an Gesinde bemerkbar. Um den Bedarf zu decken, wurden die landesherrlichen Rechte auf Dienstleistungen auf das Gesinde ausgedehnt bzw. angewendet. Dies hatte den gewünschten Erfolg, rief aber auch sofort die Forderungen des Adels auf den Gesindezwang hervor. So häuften sich seit dem Ausgang des 16. Jh. die Fälle, in denen der Adel gewaltsam die Ableistung des Gesindedienstes erzwingt und schließlich — mit einer Verzögerung durch den Dreißigjährigen Krieg — zum Gesetz erheben läßt (1661). Damit ist zugleich eine wichtige Etappe in der Entwicklung der zweiten Leibeigenschaft erreicht.

Wenden wir uns nun den Hausgenossen zu. Sie sind für die gewerbliche Landproduktion die Schicht, der die größte Bedeutung zukommt und die daher unsere volle Aufmerksamkeit verdient. Da sie in der Forschung bisher wenig beachtet oder nur am Rande behandelt worden ist, ist jetzt einiges über sie auszuführen. In einer Schrift des 18. Jh. heißt es:

„Hausgenossen werden nicht nur diejenigen genannt, welche beieinander zusammen in einem Hause, vor Mietgeld, so der Herr des Hauses bekommt oder umsonst wohnen, sondern man versteht auch darunter die, so zu der Gemeinschaft einer vollkommenen Haushaltung gehören, und in eines Lohn und Brot sein.“[148]

Zu diesen beiden Gruppen, deren letztere in der Stadt die Gesellen mit umfaßte, sind im 16. Jh. die Angehörigen hinzuzurechnen. In der Teilung in Fremde und Verwandte, sowie in ihrer Qualität als Landlose hat die Forschung, soweit sie sie überhaupt berücksichtigt, die Bedeutung der Hausgenossen gesehen.[149] Ihr Bestreben, Land zu erwerben, ist unverkennbar.[150] Besonders wichtig sind die Art und das Ausmaß ihrer feudalen Verpflichtung. Da sie ohne Landbesitz waren, trägt der ihnen auferlegte Hausgenossenzins den Charakter einer Steuer, mit der keinerlei persönliche Beschränkungen, auch nicht in der Freizügigkeit innerhalb des Terri-

---

[148] Allgemeines ökonomisches Lexicon. Hg. von Zincken, G. H., Leipzig 1753, S. 1092.

[149] *Hoetzsch, Otto*, a. a. O., S. 26f.; *Schmid, Rudolf*, Die kursächsischen Ämter im Bereiche des Muldentales von der Mitte des 16. bis zum Anfang des 18. Jahrhunderts, Phil. Diss. Leipzig, 1913, S. 28; *Dame, Cai*, a. a. O., S. 185; *Haun, Friedrich Johannes*, a. a. O., S. 12, 187; *Schulze, Otto Eduard*, a. a. O., S. 233ff.; *Witzsch, Rudolf*, Eine Dorfgeschichte unserer Heimat in alter Zeit (1400—1800). In: „Unsere Heimat, Monatsschrift des Roßweiner Tageblattes“, Bd. 14, 10ff (1933). *Kötzschke, Rudolf*, Ländliche Siedlung, a. a. O., S. 123.

[150] *Lütge, Friedrich*, Die mitteldeutsche Grundherrschaft, a. a. O., S. 49f.; *Hoetzsch, Otto*, a. a. O., S. 27; *Schulze, Otto Eduard*, a. a. O., S. 230.

toriums, verbunden waren. Zwar ist diese Freizügigkeit auch für die anderen Gruppen der Landbevölkerung im 16. Jh. juristisch nicht beschränkt worden, doch standen ihr eine ganze Reihe von Hindernissen entgegen, die bei den Hausgenossen nicht vorhanden waren oder kaum eine Rolle spielten. Sie konnten also das Arbeitsverhältnis — wie immer es im einzelnen Falle beschaffen sein mochte — innerhalb Kursachsens frei suchen und eingehen. Sie haben davon regen Gebrauch gemacht, und es fehlt auch nicht an Zeugnissen ihrer Abwanderung in fremde Gebiete. In der Landesgesetzgebung gegen Umhertreiber und fahrende Knechte ist das zum Ausdruck gekommen.

Die Formen des außerökonomischen Zwanges reichen also nicht aus, um sie zur Leistung heranzuziehen. Ihr Produktionsverhältnis kommt daher dem freier Lohnarbeiter so nahe, wie es unter den feudalen Umweltsbedingungen überhaupt möglich gewesen ist. Sie zahlen jährlich eine Steuer[151] und werden von Fall zu Fall zur Beteiligung an der Landsteuer (Türkensteuer) herangezogen.[152] Dementsprechend tauchen sie in den Quellen nur selten und meistens ohne Namen auf. Man liest dann die summarische Angabe ihres Steuerbetrages, denn oft wird nicht einmal die Zahl der Hausgenossen angegeben, sondern nur die von ihnen insgesamt zu entrichtende Steuer. Da der Einzelbetrag meist bekannt ist, kann man dann die Kopfzahl berechnen. Es kommt allerdings sehr oft vor, daß sie mit dem Gesinde zusammen genannt werden. Sicher haben sie z. T. Land erworben, aber es ist schwer festzustellen, wann dieser Landbesitz und evtl. darauf lastende, von ihnen nun aufzubringende Zinsen und Dienste ihr Produktionsverhältnis entscheidend bestimmten. Ihre Freizügigkeit ist unbestritten. In den Amtserbbüchern aus der Mitte des 16. Jh. findet sich u. a. der bemerkenswerte Passus: „Hausgenossenzins steiget und fallet, auch zahlt ein jeder . . . . . ins Amt“. Da die Höhe der Steuer festgelegt ist, kann also nur die Gesamtsumme variabel sein, und sie ist es, weil die Fluktuation der Hausgenossen sehr groß und die von ihnen insgesamt zu erwartende Steuersumme nur zu schätzen ist, was dann auch oft geschah. Von einer feudalen oder feudalähnlichen Verpflichtung (z. B. Dienste) kann man bis zur Mitte des Jahrhunderts nicht sprechen.

Wie sich die Verhältnisse später gestalteten, läßt sich schwer erkennen.[153] Zu beachten sind Bemerkungen in Amtsbüchern des 17. Jh. Dort heißt es z. B.

---

[151] Im allgemeinen betrug der Hausgenossenzins jährlich zwei Groschen. Daneben bestand z. B. im Amte Nossen (1569) eine Fronverpflichtung, vgl. *Witzsch, Robert,* Die Laßgüter zu Roßwein und im Striegistale. In: „Unsere Heimat“, Bd. 20, 5f (1939). Im Amte Colditz zahlten sie im 17. Jahrhundert ein Schutzgeld von drei Groschen pro Person, vgl. *Schmid, Rudolf,* a. a. O., S. 28.

[152] Die Landsteuer ist nicht immer in gleicher Höhe erhoben worden, betrug jedoch bei den Hausgenossen meistens einen Groschen pro Person, vgl. *Schulze, Otto Eduard,* a. a. O., S. 231ff.

[153] *Dame, Cai,* a. a. O. S. 156 stellt 2—3 Tage jährlich fest. Im Jahre 1569 fordert man im Amte Nossen für nichtgeleistete Handfron von den Hausgenossen 1½ Groschen pro Tag. Die reale Höhe der Dienstleistung ist nicht angegeben, vgl. *Witzsch, Robert,* Die Laßgüter, a. a. O., S. 5.

1610[154], die Hausgenossen seien neben der jährlichen Kopfsteuer von 4 Groschen zur Lieferung von zwei Stück Garn verpflichtet. Zwar erhalten sie dafür 2 Groschen Lohn, aber immerhin ist das eine schriftliche fixierte Abgabe an einen Feudalen, die sicher im Verweigerungsfalle eingetrieben worden ist. Im Jahre 1624[155] leisten sie zwei Tage Frondienste als Mäher und vier weitere Tage „für andere Arbeit" pro Jahr. Offenbar waren Landesherr und Adel an der gewerblichen Produktion der Hausgenossen in zunehmendem Maße interessiert und verpflichteten diese zur Garnherstellung, sicherlich auch in den genannten vier Tagen.
Im Verlaufe des 15. Jh., erkennbar vor allem um und seit 1500, stieg die Zahl dieser Hausgenossen. Wie wir bereits bemerkt haben, war das die Folge des schnellen Bevölkerungszuwachses einerseits, der Unmöglichkeit der Landversorgung andererseits. Und der Bevölkerungszuwachs wurde im Herzogtum Sachsen in unserem Zeitraum durch Zuwanderung in die Bergbaugebiete noch verstärkt. In der Freiberger Gegend hat Bergbaukonjunktur stets die Zahl der Hausgenossen ansteigen lassen, doch schlossen sich Konjunktur des Bergbaus und der Leinenproduktion nicht aus, sondern bedingten einander.[156]
Daß diese ständig wachsende Gruppe der Hausgenossen eine für die feudale Produktionsweise des Landes (und indirekt der Stadt) entscheidende Bedeutung hatte, ist sicher. Für solche freien Arbeiter war in der feudalen Produktion kein Platz. Wenn es nicht gelang, die Verbindung zu kapitalistischen Elementen in der Stadt herzustellen, was auch die Zunft hätte schwächen und zersetzen müssen, so war die feudale Bindung, ganz gleich in welchen Formen und in welchem Ausmaß, nur eine Frage der Zeit.

Man geht wohl nicht fehl, wenn man die vorhin skizzierte Entwicklung des Gesindes in enge Beziehung zum Hausgenossen-Problem setzt. Dem Adel mußte die Masse der nicht in grundherrlicher Bindung stehender Hausgenossen und des Gesindes als eine ernste Gefahr erscheinen. Wenn gewerbliche Konjunktur und Lockerung der feudalen Fesseln die Leistung der grundherrlichen Dienste auf Domänen, Gütern und großen Bauernhöfen in Frage stellten[157], so mußten die Mittel des Staates in Anspruch genommen werden, um die Hausgenossen und das Gesinde wieder in die feudalen Produktionsverhältnisse zu zwingen. Das bedeutete nicht unbedingt einen Widerstand gegen die gewerbliche Produktion, vor allem gegen die Leinenproduktion an sich. Im Gegenteil, man war daran interessiert. Aber diese Produktion sollte im Rahmen der feudalen Produktionsverhältnisse, unter der Kontrolle des Adels vor sich gehen und mit einer Abschöpfung von Mehrprodukt verbunden sein.

---

[154] Loc. 37924, Nr. 3, Erbbuch Gut Frankenberg.

[155] Ebenda, Nr. 7, Gut Frankenberg.

[156] *Langer, Johannes,* Hilbersdorf. In: „Mitteilungen des Freiberger Altertumsvereins", Bd. 63, 31 (1933); vgl. auch *Schulze, Otto Eduard,* a. a. O., S. 233 sowie *Heitz, Gerhard,* Dorfweber und Sozialstruktur a. a. O., S. 182f.

[157] Übergefährdung der landwirtschaftlichen Arbeiten infolge starker gewerblicher Produktion vgl. *Görlitz, Woldemar,* a. a. O., Abdruck 21, S. 528.

Es ist eine bemerkenswerte Tatsache, die ich vorläufig nur andeuten kann, daß in der Nähe von Rittergütern die Zahl der Hausgenossen relativ gering war, dafür uns aber Häusler und Gärtner in größerer Zahl begegnen. Ich will daraus zu weit gehende Schlüsse noch nicht ziehen, aber mir scheint, als haben die Hausgenossen diese Zentren der feudalen Produktion bewußt gemieden, weil sie damit rechnen mußten, zur Arbeit auf dem Gut und damit in strengere Abhängigkeit gezwungen zu werden.
Die für den Gesindedienst vorgesehenen Knechte und Mägde zogen es vor, durch gewerbliche Arbeit, „wenn auch in kümmerlicher Weise, so doch in unabhängiger Stellung, ihren Lebensunterhalt zu gewinnen"[158]. Für die Hausgenossen des 16. Jh. traf das noch mehr zu.
Auch die gewerbliche Produktion der Hausgenossen ist von der Forschung berücksichtigt worden. Meistens hat man ihnen dabei eine Rolle neben den als typische Dorfhandwerker angesehenen Häusler zugewiesen.[159] Die Bedeutung der Landlosen für die im Erzgebirge und dessen Vorland aufkommenden Hausgewerbe ist bereits von Wuttke herausgearbeitet worden.[160] Das Bestreben des Adels, den Gesindezwangsdienst durchzusetzen, scheiterte an der Möglichkeit, sich diesem Zwang durch gewerbliche Arbeit zu entziehen. Während der ersten Hälfte des 16. Jh. bestand immer die Tendenz, die Hausgenossen auf die Verrichtung landwirtschaftlicher Arbeit zu beschränken. Doch war ihre gewerbliche Produktion im 16. Jh. nicht zu verhindern, ja, sie fanden „durch Verleger, Agenten und Landfahrer" Beschäftigung im Dienste fremden und einheimischen Kapitals.[161]

b) Warenproduktion und Marktverbindung

Wir kommen nun zu einer weiteren wichtigen Frage: Hat eine Verbindung zwischen den ländlichen Leinewebern und den Ankäufern der Stadt bzw. dem städtischen Markt überhaupt bestanden, und welche Bedeutung kam dieser Verbindung zu?[162] Das durchgesehene Material darüber ist besonders wenig ergiebig. Abgesehen von dem Verbot von Produktion und Handel[163] auf dem Lande müssen wir vor allem

[158] *Wuttke, Robert*, a. a. O., S. 50.
[159] Vgl. *Hoetzsch, Otto*, a. a. O., S. 25ff.; *Schmid, Rudolf*, a. a. O., S. 28, war anderer Ansicht, allerdings mit dem Argument, es habe vor dem 18. Jh. überhaupt keine Landhandwerker gegeben, außer dem Müller, dem Schmied und den Brauern. Für den einen von ihm untersuchten Bereich, für das Amt Rochlitz, ist das nachweisbar falsch; *Schulze, Otto Eduard*, a. a. O., S. 233, führt Häusler und Hausgenossen als Handwerker an, und auch *Kötzschke, Rudolf*, Ländliche Siedlung a. a. O., S. 116, spricht sich für die Zugehörigkeit der Landhandwerker zur Gruppe der Häusler aus.
[160] *Wuttke, Robert*, a. a. O., S. 51.
[161] *Schulze, Otto Eduard*, a. a. O., S. 235f.
[162] Über die Anfänge nichtbürgerlicher „Unternehmer" vgl. *Kellenbenz, Hermann*, Die unternehmerische Betätigung der verschiedenen Stände während des Übergangs zur Neuzeit. In: „Vierteljahresschrift für Sozial- und Wirtschaftsgeschichte", Bd. 44, 13ff., 1957.
[163] Handel auf dem Lande war grundsätzlich und — im Gegensatz zu den bekannten Sonderfällen bei der Land*produktion* — ohne jede Ausnahme verboten. *Görlitz, Woldemar*, a. a. O., S. 211ff.

dort das Fehlen einer ausgebildeten Schriftlichkeit berücksichtigen. Hierdurch sind die Nachweise solcher Verbindungen selten überliefert worden, und wir müssen alle Äußerungen darüber sehr sorgsam verwerten.
Die Entwicklung des Verlages läßt sich in den einzelnen Etappen der Unterordnung der Produzenten unter das Handelskapital überhaupt nicht andeuten. Immerhin gibt es Äußerungen der städtischen Leineweber und auch andere Belege, in denen von „Vorkauf" und Verlag auf dem Lande die Rede ist. Klagen und Äußerungen darüber sind mehrfach bezeugt und wir sind dabei auf die kleinsten Bemerkungen in den Quellen angewiesen. Diese stehen oft an versteckter Stelle und ergeben erst in der Kombination verschiedener Quellen einen wirklichen Hinweis. Von Bedeutung ist vor allem der Streit, der sich im Jahre 1536 um die Geschäfte der Nürnberger Firma Kirmayer in Sachsen entspann. Ihr wurde nämlich vorgeworfen, Leinwand eingekauft und unter Umgehung bzw. Täuschung der Bleiche ausgeführt zu haben. Gerade um diese Zeit beginnen die Verbindungen oberdeutscher Kaufleute, die in größerem Maße als bisher an roher Leinwand interessiert waren, die sie in Nürnberg färben lassen wollten. In Geithain und Rochlitz saßen Aufkäufer Kirmayers. In einem Verteidigungsschreiben spricht Kirmayer selbst von Leinwand, die er „zu Geytenn unnd doselbst umb" hat aufkaufen lassen.[164]
In Berthelsdorf (Ah Döbeln), einem Dorf des Klosters Altzelle, aus welchem durch mehrere Jahre zwei Dorfweber bekannt sind[165], gibt es im Jahre 1546 35 Steuerzahler, 47 Hausgenossen und 41 Personen als Gesinde (mithin 88 Landlose).[166] Bei den Hausgenossen findet sich, was sehr selten ist, eine nähere Beschreibung ihrer Tätigkeit. So erfahren wir, daß Jörg Kutner vom Handelsgewinn eine Steuer zu entrichten hat. Über ihn und einen anderen, Hans Peter, dessen Stellung als Hausgenosse sehr wahrscheinlich ist, wird gesagt, daß sie seit dem letzten Steuertermin den Ort verlassen haben.[167] Der Handel mit Leinwand wird ausdrücklich als Tätigkeit Kutners angeführt. Es gibt für die Dörfer des Klosters Altzelle, obwohl sie keine ausgesprochenen Weberorte waren, eine ganze Reihe von Hinweisen auf ländlichen Handel und die Steuer, die vom Handelsgewinn zu bezahlen war. Der daraus ersichtliche Personenkreis setzt sich überwiegend aus Hausgenossen zusammen. Daraus geht eindeutig hervor, daß die Hausgenossen nicht nur selbst produziert haben, sondern daß es unter ihnen auch Leinwandhändler gegeben hat. Genauer muß gesagt werden, daß sie die Leinwand nur aufgekauft haben, und zwar ganz sicher im Auftrage anderer, wahrscheinlich städtischer

---

164 *Kunze, Arno,* Das oberdeutsche Handelskapital, a. a. O., S. 117; Loc. 8746, fol. 187.
165 und zwar 1528 (Loc. 8746, fol. 89), 1534 (ebenda, fol. 244; vgl. auch fol. 239) und 1538 (ebenda, fol. 250). 1538 wird sogar von „Meistern" gesprochen, doch werden Namen nicht genannt.
166 Landsteuerregister 321/10. 1552 waren es 37 Besessene Mann und 109 Inwohner (HOV S. 152).
167 Wir haben hier den besonders glücklichen Fall, daß der Abzug von Hausgenossen im Landsteuerregister vermerkt ist, was sich wohl aus der gut organisierten Verwaltung im Gebiet des ehemaligen Klosters Altzelle erklärt.

Händler. Denn wenn auch 10 ß Groschen Barvermögen für ländliche Verhältnisse und bei Hausgenossen eine stattliche Summe waren, so gibt sie doch noch keinen Hinweis, daß Leinwand in größerer Menge gekauft bzw. gehandelt worden ist. Da man bei der Untersuchung im Einzelfalle immer die besonderen Gegebenheiten berücksichtigen muß, führe ich noch an, daß der eine der beiden Hausgenossen bei einem Steuerzahler wohnte, von dem wir wissen[168], daß er $^3/_4$ Hufe bebaute (also zur Gruppe III gehört). Bei ihm wohnten 2 Hausgenossen mit ihren Frauen, und außerdem beschäftigte (beherbergte ?) er 2 Personen als Gesinde, mit seiner eigenen Frau waren es also insgesamt 8 Personen. Für diese Landgröße eine beachtliche Anzahl, und so gibt uns der Vergleich mit der Landgröße der Steuerzahler, bei denen die Hausgenossen wohnten, einen Hinweis, in welchem Umfange die Betreffenden durch landwirtschaftliche Nebenarbeit in Anspruch genommen waren. Die Frage nach dem Auftraggeber und dem Verhältnis, das zu ihm bestand, können wir allerdings aus dem vorliegenden Material nicht beantworten.

Eine recht günstige Quellenlage hat der Ort Langhennersdorf (nordwestlich Freiberg) aufzuweisen.[169] Langhennersdorf wird seit 1528 in verschiedenen Beschwerden der Zünfte von Hainichen und Frankenberg erwähnt[170], und im Jahre 1540 hat ein Prozeß mehrerer Städte gegen Langhennersdorf begonnen, der sich an einem stattlichen Protokoll genau verfolgen läßt.[171] Eine Reihe von Zeugen wurde im Verlauf dieses Prozesses vernommen und eingehend nach dem früheren und gegen-

Tabelle X. Der Anteil von Landbesitzern, Gärtnern und Hausgenossen an der Zahl der Dorfweber in Langhennersdorf (1500—1543)

Jahr	Insgesamt	Landbesitzer	Gärtner und Hausgenossen
Vor 1500	3	2	1
1500	9	3	6
1510	10	4	6
1520	9	3	6
1528	6	—	—
1530	18	7	11
1534	6	—	—
1538	12	—	—
1540	13	7	6

168 Landsteuerregister 289 (Altzelle).

169 Zum folgenden vgl. *Heitz, G.*, Dorfweber und Sozialstruktur, a. a. O., S. 170 ff., vor allem S. 187 (Anhang II). In diesem Aufsatz habe ich das früher im Exkurs II (vgl. Arbeitsbericht S. 68) gebotene Material vollständig verarbeitet. Soweit der Inhalt des Aufsatzes hier von Belang ist, wird er, mit freundlicher Genehmigung des Verlages H. Böhlaus Nachf., Weimar, wörtlich wiedergegeben.

170 Vgl. Loc. 8746/1, fol. 89, 104, 239, 244.

171 Loc. 8746/4, Acta in Sachen die Meister des Leineweberhandwerks zu Rochlitz, Geithain, Chemnitz und Consorten Kläger an einem, die Dorfweber zu Langen Hennersdorf Beklagte am andern Teil btr. (1543).

wärtigen Stand der Leinenproduktion befragt, so daß, zusammen mit den schon erwähnten Beschwerden der Zünfte, für Langhennersdorf die Aufstellung einer durchgehenden Entwicklungslinie der Dorfweber möglich ist[172], und zwar unter Berücksichtigung der sozialen Struktur.[173] (Siehe Tabelle X)

Die Zeugen geben in ihren Aussagen auch eine ganze Reihe von Angaben zur Marktverbindung. Sie unterscheiden dabei Kauf-, Lohn- und Hausarbeit. Neben den Einzelangaben, wer Kaufarbeit leistete und wer nicht, steht immer wieder die Versicherung, alle hätten für den Kauf arbeiten dürfen, jedoch sei es aus finanziellen Gründen nicht allen möglich gewesen: „etzliche, die es vermögen, auf den kauf gearbeitet, die anderen unvermogenen haben Lohnarbeit getrieben."[174] Trotz Widerstandes der Zünfte von Hainichen und Frankenberg sei die Dorfproduktion nicht verhindert worden. Die Langhennersdorfer hätten sich beschwerdeführend an die landesherrliche Kanzlei gewandt und bisher unangefochten Kauf- und Lohnarbeit verrichtet.

Anlaß zur Formulierung der uns interessierenden Zusammenhänge war immer wieder die von den Städten gestellte Frage, ob denn wirklich früher für den Markt produziert, d. h. den Städten Konkurrenz gemacht worden sei. Dabei wird dann beispielsweise gesagt, obwohl die Leineweber vor 30 und 40 Jahren nicht in der Lage gewesen seien, das Handwerk so „stadthaftig" zu treiben wie Leonhart Zaspel, so hätten sie doch Lohn- und Kaufarbeit getrieben ohne Behinderung. In einem Falle wird der Kauf von Garn und der Verkauf des fertigen Leinens durch Paul Friedrich besonders hervorgehoben. Von Georg Straube heißt es, er habe schlechte Hausarbeit geleistet und wahrscheinlich nur auf einem Webstuhl, „denn er ein klein enges stüblein gehabt". Überhaupt sind die Angaben über die Anzahl der Webstühle häufig. Neben Leonhart Zaspel, der zumeist mit drei Gezeugen genannt wird (auch in der Hainichener Beschwerde von 1538), haben mehrere Weber zwei Webstühle gehabt. Das ist ein Beweis, daß nicht nur lokaler Bedarf befriedigt werden sollte. Eine besonders interessante, wenn auch nicht nachzuprüfende Bemerkung enthält die Aussage des Zeugen Götz Horn. Er behauptet nämlich, daß die Leineweber des Jahres 1503, Paul Friedrich, Gregor Straube, Hans Raspe und Nickel Trengner, „Meister" gewesen seien. Dazu paßt die Bemerkung des Zeugen Thomas Silbermann, Paul Friedrich habe (1500) 2 Webstühle gehabt und neben seinem Sohn den Knappen Simon Renner beschäftigt. Vielleicht zielt die mehrfach für Zaspel, Raspe und Trengner bezeugte Angabe, sie hätten „stadthaftig" oder „stadtlich" das Handwerk getrieben, auf

[172] Insgesamt sind zwischen 1490 und 1540 31 Personen als Dorfweber erkennbar. Davon waren 13 Landbesitzer (Hufner verschiedener Größe), 2 Gärtner und 16 Hausgenossen, von letzteren bleibt der Nachweis bei 8 unsicher. Zur Analyse der Produktionsverhältnisse im einzelnen darf ich auf den Anm. 169 genannten Aufsatz verweisen.

[173] Langhennersdorf hatte (HOV S. 304) 1552 68 Besessene Mann, 14 Häusler und 101 Inwohner.

[174] So fast alle Zeugen als Antwort auf Artikel 6 und 7.

eine zünftig anmutende Ausbildungsfunktion als Meister.[175] In diesem Zusammenhang ist zu erwähnen, was eine Reihe von Zeugen über Hans Raspe zu berichten weiß; dieser hätte eine Frau aus dem Handwerk von Hainichen geheiratet und „auf den kauf" gearbeitet. Er sei, so heißt es, ein Schreiber gewesen, habe ein Gütlein gekauft und sich ein Weib aus Hainichen geholt, die ihn das Leineweberhandwerk gelehrt habe. Seit 1500 habe er mit einem Webstuhl gearbeitet. Die hauptberufliche Tätigkeit Raspes scheint mir auch aus der Aussage eines Zeugen hervorzugehen, er habe den sehr alt gewordenen Raspe gekannt, der „an unterlas" das Handwerk getrieben habe.

Die bei weitem wichtigste Persönlichkeit unter den Dorfwebern von Langhennersdorf war der schon genannte Leonhart Zaspel. Er erscheint im Landsteuerregister von 1530 als Gärtner, und er war es auch noch 1546, wie sich aus der Summe von 6 ß Groschen veranlagten Vermögens ergibt. 1534 wird er als einziger Weber von Langhennersdorf namentlich erwähnt.[176] Es heißt dort, „dieser man thut sich fürstlicher privilegien beruhmen, kauft das garn auf allen dorfern, wu ers bekommen magk, leßt keiner stadt nichts willigk zugehen, dan er hat einen verleger. Szo macht er ßovihl Leinwanth in die schwarzfarbe, die er und verleger nicht genug außer landes vermugen zu schicken und treibt eyttel schmahl und wellisch Leinwanth daran daß Ewer Fürstlichen Gnaden merklichen geschädigt werden". In einer anderen Beschwerde des gleichen Jahres wird ein Dorfweber mit 2 Gesellen erwähnt.[177] Obwohl kein Name genannt wird, ist es mit Sicherheit Leonhart Zaspel. Schließlich wird Zaspel 1538 als einziger der 12 Dorfweber von Langhennersdorf namentlich aufgeführt, und zwar mit dem Zusatz: „hat drei Gestelle und arbeitet schmale Leinwand, kauft das beste Garn uff, uns zu merklichen Schaden".[178] Es ist sicher, daß Zaspel das Leinengewerbe als Hauptbeschäftigung betrieben hat und — etwa von der Mitte der zwanziger Jahre an erkennbar — seine beiden Söhne und seinen Eidam Jacob Dittrich für sich hat arbeiten lassen. Jacob Dittrich erscheint dann allerdings sehr bald als selbständig, und da wir die beiden Söhne Zaspel nicht beim Vater als Hausgenossen oder Verwandte angeführt finden, liegt die Annahme nahe, daß sie bei anderen Hausbesitzern gewohnt haben.[179] Es steht fest, daß er für die Produkte dieser drei, aber auch für die anderer Weber des Dorfes, der Händler in der Stadt oder der Mittelsmann zum Kaufmann gewesen ist. Die Zunft von Hainichen spricht ja ausdrücklich von einem mit ihm zusammenarbeitenden Verleger.

---

175 Während des Prozesses heißt es mehrfach „Meister des Leineweberhandwerkes zu Langen Hennersdorf", doch gebrauchen die Städte immer den Ausdruck Dorfweber oder auch Störer; vgl. Anmerkung 165.

176 Loc. 8746, fol. 244.

177 Ebenda, fol. 133.

178 Ebenda, fol. 250.

179 1546 (Landsteuerregister 321/10) gibt es neben Leonhart Zaspel einen Fabian Zaspel, der 50 ß Groschen versteuert und einen Knecht und eine Magd hat. 1587 (Loc. 37933,

Eine undatierte Eingabe der Chemnitzer und Rochlitzer Leineweber (etwa 1517 bis 1519) führt in einer ganzen Reihe von Dörfern und Herrschaften Garnkäufer an.[180] Besonders erbittert war man über die Garnkäufer im Herrschaftsbereich von Zschillen und in der Rochlitzer Pflege (um 1518), denn: „do seint der Stohrer dar manche thun uns gewaldige Eingriff mit dem Garnkauf, wirken gemeynlich alle auf den Kauf". Genannt wird nur das Dorf Taura.[181] Schon 1512 hatte Herzog Georg in einer Bestätigung der Zunftprivilegien westsächsischer Leineweber gegen den Verkauf von Leinewand durch Dorfweber und dagegen Stellung genommen, daß zugelassene Dorfweber mehr als einen Webstuhl in Betrieb hatten.[182]
In Auerswalde, unter E. v. Harras, wohnte 1534 ein Vorkäufer, der Leinwand und Garn außer Landes verkaufte.[183]
Im Jahre 1528 wird in dem Altzeller Dorf Bockendorf neben 4 Webern ein gewisser Nickel Raue genannt[184], der eine „schwer große Mandel" gebaut hat.[185] Neben der schon seit längerer Zeit in den Dörfern üblich gewordenen selbständigen Bleiche sowie der Produktion für die Färberei ist also eine weiterer Prozeß der Verarbeitung der fertigen Produkte, nämlich die Zubereitung durch die Mangel, im Dorfe erfolgt. Der genannte Raue war Inhaber von $1/4$ Acker, also Teilhufner.[186]
Im Jahre 1534 meldet die Frankenberger Innung 3 Weber in Dittersbach bei Frankenberg, von denen einer das Garn wegkauft. Der zweite (Peter Engelmann) rühmt sich öffentlich, er will „gar kauffen und sehen, wer es ihm wehren will, dieweil ein freier Handel ist im Lande".[187] In der gleichen Beschwerde nennt die Innung aus Ebersdorf, unter E. Zaschwitz' Erben, zwei Leineweber, von denen einer, „Balthasar Helbigh, den wir gütlich gebeten, von solcher Arbeit abstehn. Darauf uns mit bösen und groben Worten begegnet und gemeint, dieweil es von seiner Herrschaft ungewehrt wohl arbeiten wolle, und sich besser behelfen, als wir armen in den

Erbregister uff die fünf Dorfschaften usw.) wird Sebastian Zaspel (1 Hufe) genannt. Inwieweit es sich hier um Verwandte handelt, die zu Landbesitz gekommen waren, muß offen bleiben.

180 Loc. 8746, fol.; 61b; vgl. Regest Nr. 10.

181 Ebenda, ohne fol. Taura hatte 1551 51 Besessene Mann und 100 Inwohner (HOV, S. 260).

182 Loc. 8746, fol. 12ff.

183 Ebenda, fol. 238d; Auerswalde hatte 1548/1551 50 Besessene Mann und 6 Häusler sowie 97 Inwohner; insgesamt 32 Hufen (HOV, S. 292).

184 Loc. 8746, fol. 104; Bockendorf hatte 1552 29 Besessene Mann und 72 Inwohner (HOV, S. 153).

185 Der beste Kenner der Geschichte der mitteldeutschen Leinenproduktion, *Arno Kunze*, hat (Produktivkräfte a.a.O., S. 35) Bockendorf als wichtigen ländlichen Produktionsort anerkannt, der auch zur Veredelung durch die Mangel übergegangen war.

186 Es gibt in Bockendorf 1530 (nach dem Landsteuerregister 289) 2 Doppelhufner, 10 Hufner, 3 Dreiviertelhufner, 2 Viertelhufner, 3 Gärtner und 2 nicht näher bezeichnete Landbesitzer, von denen der eine der Richter, der andere Teilhufner oder Gärtner ist.

187 Loc. 8746, fol. 328c, f.; Dittersbach hatte 1551 21 Besessene Mann und 60 Inwohner (HOV, S. 293).

Städten. Das glauben wir wohl".[188] Die Dorfweber machen sich also geradezu lustig über die Versuche der Zunft, auf solche Art und Weise eine Einstellung der Landproduktion zu erreichen. In Gelenau wird im Jahre 1534 Hans Schwabe als Leineweber genannt und dazu bemerkt, er kaufe Garn auf und verkaufe seine Produkte selbst in der Stadt.[189]

Zu Lichtenau[190] wohnt — neben anderen Webern — Clemens Wagner, der ein „Weber und Garnvorkäufer" ist.[191] Ein nicht namentlich genannter Vorkäufer wird 1534 in Ortelsdorff südwestlich Frankenberg gemeldet,[192] ein anderer in Ringenthal, nördlich Mittweida.[193]

Eine besonders wichtige und aussagefähige Quelle haben wir für die dreißiger Jahre zur Verfügung (siehe Tabelle XI):

Arno Kunze hat die Rechnungen der Chemnitzer Bleiche vor kurzem ausgewertet. Zwar liegen sie nur für die Jahre 1533—1536 vor, aber wir haben in ihnen immerhin eine einzigartige Unterlage, die zudem in unmittelbarer Nähe der großen zünftischen Dorfweberbeschwerden liegt. Kunze[194] konnte 44889 Ballen Leinen nachweisen, die in diesen Jahren gebleicht worden sind, und davon waren 5743 oder 13% dörflicher Herkunft. Ausdrücklich hat er daraus die Stärke der Landproduktion abgeleitet und damit die in dieser Arbeit erzielten Ergebnisse bestätigen können.

Wir wollen versuchen, die Zahlen der Bleichrechnung (Tabelle XI) genauer zu analysieren.[195] Die 21 Dörfer, deren Namen in den Bleichrechnungen auftreten, gehören der Gruppe A oder B an. 10 Dörfer haben 1 oder 2 Dorfweber[196] und zwar insgesamt 13 Dorfweber und erscheinen mit 2514 Ballen Leinen. 11 Dörfer gehören der Gruppe B an. Darin wohnen 44 Dorfweber, und diese Dörfer liefern 3229 Ballen. Das Verhältnis von 2514 (A) zu 3229 (B), oder 43% zu 57%, ist ganz

[188] Ebersdorf hatte 1448/1551 44 Besessene Mann und 114 Inwohner, insgesamt 25¾ Hufen (HOV, S. 283).

[189] Gelenau hatte 1551 64 Besessene Mann, 15 Häusler und Hausgenossen sowie 35 Inwohner (HOV, S. 266).

[190] Vgl. Tabelle der Dörfer der Gruppe B.

[191] Loc. 8746, fol. 238d; nach dem Zinsregister von 1514 (Loc. 37993, fol. 47b ff.) hat er knapp ¾ Hufen Land (=Gruppe III) und zahlt ortsübliche Feudalabgaben in Produkten- und Geldform. Er leistet wenige Tage Handfron, hat bei sich einen Knecht, eine Magd und einen Hausgenossen mit Frau. Seine Belastung durch landwirtschaftliche Arbeit ist relativ gering.

[192] Loc. 8746, fol. 238d; Ortelsdorf hatte 1548 9 Besessene Mann und 18 Inwohner, insgesamt 4½ Hufen (HOV, S. 298).

[193] Loc. 8746, fol. 243b; Ringenthal hatte 1551 9 Besessene Mann und 5 Inwohner (HOV, S. 256).

[194] *Kunze, Arno*, Produktivkräfte a. a. O., S. 19ff., bes. S. 34ff.

[195] A. Kunze hatte mir die Ergebnisse seiner Bleichrechnungsdurchsicht, soweit sie die ländlichen Lieferanten betraf, freundlicherweise vorzeitig zur Auswertung überlassen, wofür ich ihm an dieser Stelle nochmals herzlich danken möchte.

[196] Dabei sind Görbersdorf, wo nur für 1520 und 1529 ein Dorfweberverbot bekannt ist (Loc. 8746, fol. 63c; Cop. 92, fol. 143f.), und Memmendorf, ein Dorf ohne Dorfwebernachweis, als Dörfer der Gruppe A gerechnet und mit 1 Dorfweber angenommen worden.

Tabelle XI. Dorfleinwand auf der Chemnitzer Bleiche (1533—1536)

Stadtarchiv Chemnitz, Bleichrechnungen 1533—1536

Abdruck bei *Kunze, Arno,* Der Frühkapitalismus in Chemnitz, a. a. O., S. 133. Anlage IV.

Die Zahlen in Klammern beim Ortsnamen bezeichnen die höchste Zahl von Dorfwebern des Ortes nach meinen Unterlagen.

Name des Dorfes	Name der Auftraggeber	Abgebleichte Leinenstücke in Stücken zu 52 Ellen				Zusammen 1533—1536	Gesamtleistung des Dorfes in Stück 1533—36	Anteil des Dorfes an der Gesamtmenge in Prozent
		1533	1534	1535	1536			
Auerswalde (4)	Simon Thunar	—	20	20	—	40	40	0,7
Berthelsdorf bei	Burkhart Gerlach	210	189	132	276	807		16,6
Hainichen (2)	Veit Günther	20	—	—	—	20		
	Hans Klauer	—	22	41	60	123	950	
Bockendorf bei	Valten Winkler (Urban ?)	165	149	193	110	617		
Hainichen (5)	Veit Vogelsank	400	360	400	310	1470		
	Donat Olbrecht	30	70	—	—	100		
	Caspar Förster	—	22	—	—	22	2209	38,6
Börnchen (1)	Merten Kole (Kolo)	20	60	—	—	80	80	1,4
Cunnersdorf (1) südöstl. v. Hainichen	Der Richter	101	189	60	130	480	480	8,4
Ebersdorf bei	Caspar Sachse	—	45	45	41	131	141	
Frankenberg (3)	Hans Förster	—	—	—	10	10		2,5
Dittersbach bei	Jorg Dittmann	40	50	20	60	170		
Frankenberg (3)	Michel Borne (Birner)	—	5	11	—	16		
	Peter Hegner	—	15	—	—	15		
	Peter Wagner (Die Wagnerin)	—	20	20	—	40	241	4,2
Eppendorf bei	Christoph Hemrich	10	20	30	14	74		
Öderan (4)	Richters Sohn	—	—	—	30	30	104	1,8

Falkenau bei	Paul Ulich	—	33	30	—	63		
Öderan (1)	Michel Wechteler	11	18	40	117	186	249	4,2
Flöha (2)	Simon Seyffart	—	6	10	—	16	16	0,3
Görbersdorf bei	Bartel Richter	—	—	—	10	10		
Öderan(Verbot)(1)	Eytel Matts	20	—	—	—	20		
	Gemeine zu G.	20	20	20	20	80		
	Lorenz Freitag	—	40	—	—	40		
	Hans Schell	—	11	—	—	11	161	2,8
Gölitz (Gelitz ?)	Franz Edelmann	15	45	83	51	194		
(Gahlenz) (2)	Simon Hübler	—	—	—	30	30	224	3,9
Leubsdorf (3)	Michel Hesse	—	10	—	25	35	75	0,6
Lichtenau (6)	Jobst Thuner	—	58	17	—	75	75	1,3
Memmendorf (1)	Caspar Lohemüller	—	24	21	38	83	83	1,4
einziger Nachweis								
Mühlbach bei	Urban Ganzel	41	—	—	—	41		
Frankenberg (4)	Simon Olbrecht	—	30	—	—	30		
	Caspar Förster	—	—	—	20	20	91	1,6
Neundörchen (?)	Benedix Lang	40	—	—	—	40		
(Naundorf) bei	Simon Dyttmann	30	40	100	—	170	102	3,6
Frankenberg (1)								
Ottendorf bei	Fabian Link	—	25	—	—	25		
Frankenberg (5)	Michel Emrich	—	—	—	90	90	115	2,0
Sachsenburg bei	Paul Weychart	40	—	34	34	108		
Frankenberg (3)	Der Schlosser	—	—	—	50	50	158	2,7
Schlegel bei	Michel Kettner	20	—	—	—	20		
Hainichen (1)	Nickel Gehmel (?)	—	41	—	—	41	61	1,1
Striegis bei	Mart Fritzsch	—	—	20	—	20	20	0,3
Hainichen (4)								
		Insgesamt				5743	5743	100

erstaunlich, da es einem Durchschnitt pro Dorf von 251,4 (A) und 293,5 (B) entspricht und damit eine Stärke der A-Dörfer andeutet, die man wohl kaum vermuten würde und die sich auch aus den übrigen Unterlagen nicht ohne weiteres erkennen ließ. Nimmt man hinzu, daß die Zahlen pro Dorfweber noch erstaunlicher sind, nämlich 193,3 (A) und nur 70,2 (B), so liegt der Schluß nahe, daß in den Dörfern der untersten Gruppe nicht nur eine althergebrachte Bedarfsdeckung betrieben worden ist.

Um diese Zahlen in das rechte Licht zu rücken, führe ich einige Vergleiche an. Bürger von Oederan legten von 1533—1536 4284 Ballen Leinwand (= 9% der Gesamtleistung) auf die Bleiche, Bürger von Hainichen 2311 Ballen (= 5%), beide Städte zusammen also 6595 Ballen, d. h. 14% der Gesamtleistung. Unter den ländlichen Lieferanten nimmt Veit Vogelgesank aus Bockendorf, ein Vollhufner, mit 1470 Ballen eine hervorragende Stellung ein; Lieferanten aus Bockendorf erreichen mit insgesamt 2209 Ballen in 4 Jahren beinahe die Liefermenge von Hainichen. Dieser Anteil von Hainichen wird von den 10 Dörfern der Gruppe A (insgesamt 2534 Ballen) sogar übertroffen, und die Lieferanten aus den 11 Dörfern der Gruppe B sind mit 3229 Ballen nachzuweisen, liefern also mehr als Oederan, Zschopau[197] und Mittweida[198] zusammen. Mehr ist dazu zunächst nicht festzustellen, wir müssen vielmehr eine Reihe weiterer Überlegungen anstellen, um die vorliegenden Zahlen der Bleichrechnungen auszuwerten. Ich schicke die wichtigste Feststellung voraus:

Unter den 42 Lieferanten aus den 21 Dörfern ist nur einer, den wir bestimmt als Dorfweber erkennen können: Peter Hepner aus Dittersbach, der 1534 15 Stück lieferte. Er ist 1528 auch als Dorfweber mit 2 Gesellen nachzuweisen.[199] Bei zwei weiteren ist die Tätigkeit als Dorfweber immerhin als wahrscheinlich anzunehmen. Im ersten Falle handelt es sich um den Richter von Cunnersdorf, der 1533—1536 insgesamt 480 Stücke bleichen ließ (und zwar 101, 189, 60 bzw. 130 Stücke in den einzelnen Jahren) und der allenfalls identisch sein könnte mit Valten am Ende[200]; der 1534 in Cunnersdorf gemeldete Dorfweber wird nicht namentlich genannt.[201] Schließlich wäre an Benedix Lang aus Neudörfchen zu denken, der 1533 40 Stücke auf die Bleiche legen ließ. Es kommen beide ziemlich nahe beieinander gelegenen Neudörfchen in Betracht, doch ist Neudörfchen bei Mittweida wahrscheinlicher,

---

[197] Zschopau hatte 1551 237 Besessene Mann und 43 Inwohner (HOV, S. 300), woraus Blaschke K., Zur Statistik der sächsischen Stadt, a. a. O., S. 137, 1243 E. errechnet.

[198] Mittweida hatte 1535 291 Hauswirte und 59 Hausgenossen (Deutsches Städtebuch, Bd. II, S. 153). 1554 waren es 296 Besessene Mann und 222 Inwohner (HVO, S. 254), woraus Blaschke (a. a. O., S. 137), 1747 Einwohner errechnet. Es gab 1529 60 Leinewebermeister (Kunze, Arno, Das oberdeutsche Handelskapital, a. a. O., S. 116 Anm. 27).

[199] Loc. 8746, fol. 86; vgl. *Kunze, Arno*, Aus der Frühzeit der westsächsischen Textilindustrie. In: „Heimat, Monatsschrift des Altertumsvereins für Frankenberg und Umgebung", X, S. 67 (1931).

[200] Landsteuerregister 289.

[201] Loc. 8746, fol. 239.

denn dort wird 1534 die Benedix' (zu ergänzen Langin ?) als Dorfweber erwähnt.[202] Wir stehen also vor der Tatsache, daß die Lieferanten für die Bleiche in der großen Mehrzahl nicht mit denjenigen ländlichen Gewerbetreibenden identisch sind, die wir durch die Beschwerden der Zünfte kennen. Diese Frage ist auch hinsichtlich der Zuverlässigkeit unserer Quellen nicht ohne Belang. Von den 21 Dörfern, aus denen die Bleiche beliefert wird, erscheinen 12 in der sehr detaillierten und mit allen Zeichen der Zuverlässigkeit versehenen Beschwerde von 1534[203], der Rest kurz zuvor in verschiedenen anderen Beschwerden der Jahre 1528 und 1529.[204] Wenn trotz dieser zeitlichen Übereinstimmung Dorfweber und Lieferanten nicht identisch sind, so bleiben zwei Möglichkeiten der Erklärung dafür. Entweder nennt bzw. kennt die Zunft nicht sämtliche Dorfweber. Das ist durchaus denkbar, und ich habe bei aller Vorsicht im einzelnen die Zunftbeschwerden immer als Mindestzahlen gewertet. Es würde das allerdings bedeuten, daß wir die Lieferanten, insofern wir sie als Dorfweber ansprechen wollen, zu den Gelegenheitswebern rechnen, deren Existenz für die Zunft ohne Interesse war. Oder es gibt neben den mehr oder weniger hauptberuflichen Dorfwebern noch andere Personen, die den Transport der fertigen Leinwand zur Bleiche übernehmen und daran verdienen. Produzent und Lieferant (Kaufmann zu sagen, erscheint mit übertrieben) sind nicht identisch. Es gibt in den Dörfern, und sicher nicht nur in den genannten, Personen, die am Zwischengeschäft, an der Vermittlung zwischen Stadt und Land, verdienen, ohne daß sie, wie wir noch sehen werden, Berufskaufleute sind.
Tatsächlich werden sich beide Tendenzen mischen. Eine erhebliche Leinenproduktion der Lieferanten möchte ich nicht annehmen, da das der Zunft nicht verborgen und in den Quellen nicht ohne Niederschlag geblieben wäre. Andererseits ist es durchaus möglich, daß der eine oder andere Gelegenheitsweber die Vermittlung in die Stadt übernommen hat, zunächst nur den Transport, später vielleicht auch derart, daß er kaufte und auf eigene Rechnung bleichen ließ, um dann weiterzuverkaufen.
Unklar blieb dabei bisher, welche Stellung die als Lieferanten bekannten Personen in ihren Dörfern einnahmen. Wir fragen also, ebenso wie bei den Dorfwebern, nach der sozialen Stellung dieser Lieferanten. Diese Frage läßt sich für 10 der insgesamt 21 Dörfer und auch hier nur für 13 der insgesamt 24 Lieferanten beantworten. Legt man die oben erarbeitete Gruppeneinteilung zugrunde, so ergibt sich

Hausgenossen	1	Gruppe III	3
Gruppe I	1	Gruppe IV	4
Gruppe II	—	Gruppe V	4

Es ist bezeichnend, daß der einzige Hausgenosse, zugleich einer der Beiden ist, für die Identität von Leineweber und Bleichlieferant wahrscheinlich zu machen war: Benedix Lang.

202 Loc. 8746, fol. 243b.
203 Ebenda, fol. 237ff. vgl. Regest Nr. 29.
204 Vgl. Regesten Nr. 15—22.

Es ist aber weiterhin bezeichnend, daß die Gruppe II, die den höchsten Anteil an den ländlichen Leinewebern aufzuweisen hatte, bei den Bleichlieferanten gar nicht in Erscheinung tritt, während in der Gruppe III immerhin fast ein Viertel der genauer erkennbaren Bleichlieferanten zu finden war. Der Anteil der Gruppen IV und V schließlich übersteigt bei weitem den entsprechenden Anteil an der Dorfproduktion.

Die Unterschiedlichkeit der Quellen und der immerhin bescheidene Aussagebereich der Bleichrechnungen gestatten allerdings sonst keine generelle Aussage. Lediglich so viel wird klar, daß die großen Bauern den Löwenanteil an den Bleichlieferungen hatten, nämlich (die folgenden Zahlen sind die Gesamtmengen für die vier Jahre; die Jahresleistung ergibt sich aus Tabelle XI): 1 Doppelhufner 617 Stück, 4 Hufner 1470, 480, 186 bzw. 170 Stück. Der $1\frac{3}{4}$ Hufner lieferte 75 Stück. Weitere 6 Besitzer von Land verschiedener Größe erweisen sich mit je 20—40 Stück als uninteressant, zeigen aber immerhin den reinen Gelegenheitscharakter, den dieses Geschäft annehmen konnte, während der selbst liefernde (Hausgenossen-) Dorfweber im Jahre 1533 40 Stück, also wohl seine gesamte Jahresproduktion auf die Bleiche schickte.

Neben diesen 13 direkt erkennbaren Lieferanten stehen nun diejenigen, die in Landsteuerregistern nicht zu finden waren. Bei der zeitlichen Nachbarschaft ist eine Zuordnung zu den Häuslern und Hausgenossen, deren Erwähnung in den Registern von 1530 nicht immer erfolgte, durchaus möglich. Es sind also bei den in den Registern nicht genannten Produzenten Landarmut oder Landlosigkeit sehr wahrscheinlich, vor allem wenn die Identifizierung anderer Bewohner des Dorfes möglich war.

Das trifft zu auf (in Klammern die Gesamtmenge) Donat Olbrecht (100) und Caspar Förster (22) aus Bockendorf, Michel Birner (16) und Peter Wagner (40) aus Dittersbach, Paul Ulich (63) aus Falkenau, Bartel Richter (10) aus Görbersdorf, Urban Ganzel (41) aus Mühlbach und Nickel Gehmel (41) aus Schlegel. Es handelt sich also zumeist um Gelegenheitslieferanten, die zudem nur in einem oder in zwei Jahren nachzuweisen sind. Da wir die Grundsätze der Rechnungsführung der Bleiche nicht kennen, muß offen bleiben,ob sie vielleicht nur als Boten zu betrachten sind und sich hinter ihnen der Landbesitzer-Produzent verbirgt, der das Risiko der Namensnennung scheute. Bei Donat Olbrecht allerdings, der 1533 mit 100 Ballen erscheint, kann man nicht von einem Gelegenheitsgeschäft sprechen, hier ist die Vermittlungsfunktion durchaus primär; denn Dorfweber war er bestimmt nicht, da die detaillierte Beschwerde von 1534 ihn nicht erwähnt.

Auch aus anderen Dörfern gibt es neben gelegentlichen noch bedeutendere Lieferanten, die regelmäßig größere Mengen liefern, ohne als Dorfweber bekannt zu sein, so daß ihre Vermittlungsfunktion sicher sein dürfte. Ich nenne Burkhart Gerlach (807) aus Berthelsdorf, Caspar Sachse (131) aus Ebersdorf, Franz Edelmann (194) aus Gahlenz, Symon Dittmann (170) aus Neudörfchen bei Frankenberg und Paul Weyghart (108) aus Sachsenburg.

Es lassen sich also — soviel ist klar geworden — Schlüsse auf die Gestaltung der Produktionsverhältnisse nur mit aller Vorsicht ziehen. Die sozialgeschichtlichen Hintergründe werden nicht so deutlich wie die Zahlenangaben der Bleichrechnungen. Doch auch hinsichtlich dieser Zahlen stehen noch Fragen offen. Ist die Überlieferung zuverlässig? Und ist sie vollständig? Können wir wirklich damit rechnen, daß alle aus dörflichem Bereich stammende Bleichleinwand auch als solche gekennzeichnet wurde und für uns erkennbar ist? Ich glaube es nicht. Es ist sehr wohl vorstellbar. daß aus anderen Dörfern, vor allem wenn sie eine größere Zahl von Produzenten besaßen und weiter von der Stadt entfernt lagen, nicht dorfansässige Lieferanten, sondern fremde, wahrscheinlich städtische Aufkäufer die Verbindung zur Bleiche herstellten. Das Fehlen von Dörfern der Gruppe C in den Rechnungen kann nur so erklärt werden, wenn nicht die andere Möglichkeit zutrifft, daß nämlich diese großen Dörfer durch Verleger erschlossen und die Leinenproduktion dem in den dreißiger Jahren bereits erkennbaren Export in die Färbereien zugeführt worden ist. Der ländliche Anteil von 13%, wie er sich nach den Forschungen A. Kunzes ergibt, ist also ein Mindestanteil. Manche Dorfleinwand wird durch städtische Lieferanten auf ihren eigenen Namen geführt, da ja die Produktion von Markterzeugnissen dem platten Lande grundsätzlich verboten war. Ohne Zweifel verdanken wir die Angaben über Leinwand ländlicher Herkunft nur der Tatsache, daß die Interessen des Chemnitzer Rates, als Eigentümer und Nutznießer der Bleiche, von denen der Chemnitzer Leineweberinnung, als Lieferanten für die Bleiche und Verfechter des städtischen Produktionsmonopols, weit voneinander abwichen. Wir wissen ja durch die vom Stadtarchiv Karl-Marx-Stadt hergegebenen Forschungen[205] jetzt genau, wie stark die Differenzierung der städtischen Bevölkerung vorangeschritten war und welche sozialen Spannungen sich daraus ergeben hatten. Die Zahlen dörflicher Bleichleinwand sind also Mindestzahlen; hinter mancher städtischen Lieferung verbirgt sich weitere Dorfleinwand, wie denn A. Kunze hat nachweisen können, daß Chemnitzer Bürger fremde, doch wohl auch ländliche Leinwand auf die Bleiche brachten.[206] Schließlich ist die Menge der gar nicht auf die Bleiche gelangten, ja, gar nicht für sie bestimmten Leinwand noch erheblich höher einzuschätzen. Die Aussagen der Bleichrechnungen sind also direkt, durch Dorf- und Mengenangaben, für uns wertvoll, wie uns auch ihr Schweigen (das Fehlen großer Dörfer) einen deutlichen Hinweis auf die Zusammenhänge zwischen Verleger und Dorfproduzent gibt, auf Zusammenhänge, die sich teilweise bereits außerhalb des Bleichprozesses und damit des Bleichmonopols abspielten. Nehmen wir noch hinzu, daß die starke Bevölkerungszunahme infolge des zweiten Bergsegens allenthalben die Nachfrage auf dem inneren

---

205 Vgl. *Kunze, Arno*, Produktivkräfte. a. a. O., S. 35 und ders., Der Frühkapitalismus, a. a. O., S. 62 ff.

206 1533 waren von 4781 Ballen Leinwand, die von Chemnitzer Bürgern auf die Bleiche gebracht wurden, nachweislich 2261 (d. h. 47,2%) von auswärts, „von den Weberstädtchen und von den Dörfern", wie *Kunze, Arno*, Der Frühkapitalismus, a. a. O., S. 31 formulierte.

(auch Textil-) Markt steigerte — und zwar nach Kleidung genau so, wie im technischen Bereich, vor allem dem Bergbau[207] — so darf man wohl feststellen, daß die ländliche Leinenproduktion des Untersuchungsgebietes in der ersten Hälfte des 16. Jh. die durch die Feudalverfassung und durch die traditionelle Arbeitsteilung von Stadt und Land gezogenen Grenzen weit überschritten hat.[208] Das Land war nicht mehr nur Selbstversorger und Rohstofflieferant — letzteres blieb es auch weiterhin —, sondern es trat als Warenproduzent in Konkurrenz zur Stadt auf und wurde in nicht geringem Maße in die sich anbahnenden Verlagsgeschäfte des Frühkapitalismus einbezogen. Hand in Hand damit beobachten wir Auflösungs- und Zersetzungserscheinungen, wie sie für den Übergang vom Feudalismus zum Kapitalismus typisch sind. Die Ausweitung des Gewerbes auf das platte Land ist dabei besonders wichtig.

Die Voraussetzung für die Wirksamkeit solcher Tendenzen bildete das Vorherrschen der Produkten- und der Geldrente in den Produktionsverhältnissen des platten Landes. Die Ware-Geld-Beziehung zwischen Ausbeutern und Ausgebeuteten bestimmte die einzelnen Erscheinungsformen der ländlichen Sozialstruktur; die mit ihr verbundene relative Selbständigkeit des ländlichen Produzenten ermöglichte die hier näher untersuchten Entwicklungen der Leinenproduktion.

Es wird abschließend noch darauf einzugehen sein, daß diese Tendenz sich über die Mitte des 16. Jh. nicht fortsetzte, daß die dreißiger Jahre einen Höhepunkt darstellen und die feudalen Bindungen sich verstärken, u. a. auch in Gestalt neu geforderter oder umgewandelter Arbeitsrente, der primitivsten und für den unmittelbaren Produzenten ungünstigsten Form der Feudalrente. Diese sich seit der Mitte des 16. Jh. abzeichnenden neuen Tendenzen hängen auch mit den handelsgeschichtlichen Veränderungen zusammen, die die Entdeckung Amerikas und der neue Kolonialmarkt mit sich brachten.

c) Die Verteilung der ländlichen Arbeitskräfte

Wir haben die Grundzüge der ländlichen Produktionsverhältnisse in Sachsen, soweit das die gewerbliche Produktion des Landes betraf, bzw. zu deren Verständnis notwendig war, kennengelernt und danach versucht, die als Dorfweber ermittelten Bewohner des platten Landes zu differenzieren, ihre Stellung zu den Produktionsmitteln zu untersuchen und ihr Verhältnis zum Markt oder zum Kaufmann zu erörtern.

Dabei haben sich Fragen ergeben, die sich nur durch eine detaillierte Untersuchung der Verteilung der Arbeitskräfte beantworten lassen. Das Ergebnis dieser Untersuchung ist in den Tabellen XII und XIII enthalten. Grundlage bildet die Unter-

---

[207] Bergbau und Leinenproduktion stehen in engem Zusammenhang. Vgl. dazu den in Anm. 169 genannten Aufsatz.

[208] Allgemein zur Problematik der Landgewerbe und ihrer Stellung in der Sozialökonomischen Entwicklung vgl. jetzt *Samsonowicz, Henry*, Das Landhandwerk in Polen. Warschau 1954 (dazu *Heitz, Gerhard/Kalisch, Johannes*, in: „ZfG", V (1957), S. 1356ff.).

suchung von 1436 Bauernwirtschaften[209] im Kern des behandelten Gebietes nach den Steuerregistern des Jahres 1530.
Die Arbeitskräfteverteilung muß man von verschiedenen Gesichtspunkten her betrachten. Nehmen wir die Gesamtzahlen, so zeigt sich (Tabelle XIII, Spalte 3 und 4) ein kontinuierlicher Abfall der Zahlen derjenigen Steuerzahler, die ganz ohne Arbeitskräfte auskommen. In Gruppe V handelt es sich um Ausnahmen, die dadurch zu erklären sind, daß die bei ihnen arbeitenden Arbeitskräfte nicht im Hause wohnen, also nicht der steuerlichen Angabe des Inhabers des Hofes unterliegen. Die Verteilung der Arbeitskräfte hat einen deutlichen Höhepunkt bei der Gruppe III, in der 46,3% aller vorhandenen Arbeitskräfte tätig sind. Der Anteil von Gruppe II beträgt nur 30,6%, was sich durch den kleineren Landbesitz und den geringen Bedarf erklärt.
Nun erhalten aber unsere früheren Aussagen und Beobachtungen eine ganz andere Untermauerung, wenn wir wissen, daß in Gruppe II, der 15% der Dorfweber in den 80 Dörfern angehörten, die meisten Arbeitskräfte anzutreffen sind, und zwar davon wieder 43,7% Hausgenossen und 50% Gesinde. Es hat also durchaus den Anschein, als täusche unsere frühere Aussage über die wahre Bedeutung der Gruppe III hinweg, denn es geht hier ja nicht allein um die Frage Landgröße und Anteile der Gruppen, sondern um eine Einschätzung, ob die einer Gruppe normalerweise entsprechende Landgröße eine bemerkenswerte Landweberei oder gewerbliche Nebenbeschäftigung überhaupt ermöglichte bzw. zuließ. Bevor wir dazu endgültig Stellung nehmen, werfen wir noch einen Blick auf die weitere Verteilung der Arbeitskräfte. Bei den Angehörigen läßt sich eine Schlußfolgerung nicht ziehen. Auszügler, Altenteiler und andere Verwandte sind in jedem Bauernhaushalt vorhanden, können also weder unter dem Gesichtspunkt der Landgröße noch der gemieteten Arbeitskräfte allein behandelt werden. Beim Gesinde ist das allerdings der Fall. Sieht man aufmerksam die in Klammern beigefügten Werte der Spalte 10 durch, so beobachtet man den Anstieg von 10,8% bis zu 64,2%. Es sind also zwei Drittel der von der Gruppe V überhaupt beschäftigten Arbeitskräfte Gesinde; deren Aufgabe war in erster Linie die landwirtschaftliche Arbeit. Ganz anders, geradezu umgekehrt ist das Bild bei den Hausgenossen (Spalte 6), deren Anteil oben dort am größten ist, wo die landwirtschaftliche Arbeit nicht die hauptsächliche bzw. nicht die einzige Beschäftigung ist, jedenfalls Arbeitskräfte für landwirtschaftliche Arbeit nicht in dem Maße benötigt werden. Ganz entsprechend stellt sich das Verhältnis bei den feudalherrlichen Eigenbetrieben dar. Hier war die Anzahl des Gesindes sehr groß, die Hausgenossen dagegen schwach vertreten. Die Bestimmung, Hausgenossen sollten vornehmlich landwirtschaftlicher Arbeit nachgehen, blieb ohne Erfolg. Sie war der Versuch, die landwirtschaftlichen Arbeitskräfte zu sichern, die sich dem feudalen Betrieb fernzuhalten versuchten.

---

[209] Es handelt sich dabei um die gleichen Siedlungen, die bereits im Abschnitt über die Differenzierung der ländlichen Bevölkerung als Grundlage dienten (vgl. oben S. 46ff.).

Tabelle XII. Die Verteilung der Arbeitskräfte auf die Gruppen der ländlichen Bevölkerung in 80 untersuchten Dörfern

	Steuer-zahler	% d.Ges.-Zahl	Davon ohne AK	% d. betr. Gruppe ohne AK	Zahl der AK pro Gruppe insges.	Von diesen AK waren: Hgg. **)	% aller Hgg.	Ver-wandte **)	% aller Ver-wandten	Gesinde **)	% allen Gesindes	Kinder	% aller Kinder
	1	2	3	4	5	6	7	8	9	10	11	12	13
I	147	10,2	81	55,7	111 (4,5%*)	61 55,0%*	6,5	38 (34,2%)	5,8	12 (10,8%)	1,2	— —	— —
II	591	41,2	204	34,5	841 (30,6%)	348 (41,5%)	37,0	239 (28,5%)	36,8	222 (26,4%)	22,0	32 (3,6%)	20,1
III	564	39,5	107	18,9	1272 (46,3%)	413 (32,5%)	43,7	266 (20,9%)	41,0	494 (38,8%)	50,0	99 (7,8%)	62,3
IV	95	6,6	10	10,5	347 (12,6%)	90 (25,7%)	9,5	79 (22,5%)	12,2	155 (44,4%)	15,5	24 (7,4%)	15,1
V	39	2,5	1	2,5	168 (6,0%)	30 (17,6%)	3,3	27 (15,9%)	4,2	107 (64,2%)	11,0	4 (2,3%)	2,5

* Die Klammernangaben in Spalte 5 bezeichnen die Anteile an der Gesamtzahl der AK (= 2,740).
** Die Klammernangaben in den Spalten 6, 8 10 und 12 bezeichnen die Anteile an der Zahl der AK der betr. Gruppe.
Erklärungen: AK = Arbeitskräfte; Hgg. = Hausgenossen

Tabelle XIII. Die Verteilung der ländlichen Arbeitskräfte auf die Haushalte in 80 untersuchten Dörfer

Gruppe	Steuer-zahler	davon ohne AK	Zahl der AK der Gruppe insgesamt	Arbeitskräfte insgesamt (mit Kindern)									
				1	2	3	4	5	6	7	8	9	10
I	147 (10,2%)	81	111	35	22	6	2	—	1	—	—	—	—
II	591 (41,2%)	204	841	126	147	61	38	10	2	1	1	1	
III	564 (39,5%)	107	1272	103	130	98	65	24	27	7	3	—	—
IV	95 (6,6%)	10	348	6	17	15	14	12	11	5	1	2	2
V	39 (2,5%)	1	168	2	6	5	6	8	5	4	1	1	—

Zusatztabelle: *Die Verteilung der verschiedenen Kategorien von Arbeitskräften*

(1—7 = Zahl der AK pro Haushalt)

	Hausgenossen						Gesinde							Verwandte							Kinder					
	1	2	3	4	5	6	1	2	3	4	5	6	7	1	2	3	4	5	6	7	1	2	3	4	5	6
I	20	19	1	—	—	—	10	1	—	—	—	—	—	12	8	2	1	—	—	—	—	—	—	—	—	—
II	55	104	9	13	—	1	131	34	5	2	—	—		83	52	9	5	1	—	—	—	8	4	1	—	—
III	51	120	7	18	1	4	145	100	33	11	—	1		76	59	20	3	—	—	—	—	11	10	9	1	1
IV	5	17	3	9	—	1	18	21	15	8	1	1	1	9	10	6	5	1	—	1	—	4	4	1	—	—
V	3	10	1	1	—	—	4	9	11	7	1	2	1	5	6	—	1	—	1	—	—	—	—	1	—	—

Den Spalten 7, 9 11 und 13 kommt vor allem die Bedeutung zu, daß sie den überragenden Anteil der Gruppe III an der Gesamtzahl der Arbeitskräfte deutlich machen. Hier tritt eine Massierung ein. Die Gruppe II ist immerhin mit 30,6% an der Gesamtzahl der Arbeitskräfte beteiligt, ihr Hausgenossenanteil ist beträchtlich, während Gesinde nur unbedeutend beschäftigt wird (ein Fünftel allen Gesindes, obwohl die stärkste Gruppe überhaupt). Man wird als Ergebnis dieser Untersuchungen festhalten müssen, daß zwar zahlenmäßig ein Unterschied besteht, d. h., es weben in Gruppe II absolut und relativ mehr Dorfweber als in Gruppe III, aber die tatsächliche Bedeutung ist damit noch nicht geklärt, denn die hohe Zahl von Arbeitskräften bei den Bauern der Gruppe III läßt auch sie für gewerbliche Produktion als durchaus geeignet erscheinen.

Für das Produktionsverhältnis beider Gruppen können wir feststellen, daß sie wesentliche Merkmale desselben gemeinsam haben:

1. Sie sind nicht schollengebunden, jedenfalls nicht gesetzlich, und eine solche Bindung tritt im 16. Jh. auch nicht ein.
2. Sie sind nicht leibeigen, sondern persönlich frei.
3. Sie sind nicht Hörige, d. h., ihre grundherrliche Bindung, die im Zuge der Ostexpansion als eine neue Form der feudalen Produktionsverhältnisse entstand und mit großen Freiheiten verbunden war[210], hatte zwar in den folgenden Jahrhunderten an Schärfe zugenommen, es bestand jedoch immer noch eine relativ geringe Bindung und Verpflichtung an den Grundherrn.
4. Sie unterliegen nicht den Zwangsbestimmungen einer Zunft, sondern arbeiten frei von solchen Bindungen.

Trotzdem sind sie als Produzenten zu bezeichnen, in deren Produktionsverhältnis kaum Anzeichen für eine Lockerung oder Auflösung der Feudalbindungen zu finden sind; denn die oben geschilderten Merkmale stellen zwar eine relativ schwache Form der Feudalbindung dar, aber das ist ein Kennzeichen der sächsischen Agrarverfassung dieser Periode. Der Landbesitz hemmte bzw. verhinderte bei allen diesen Produzenten den Prozeß ihrer Verwandlung in freie Arbeiter. Wir müssen sogar sagen, daß die Tendenz zu einer solchen Verwandlung kaum zu beobachten ist. Sie sind im Besitze ihrer Produktionsmittel, und die allgemeine sozialökonomische Situation in Sachsen bot kaum Ansatzpunkte für den Verlust derselben. So sind die Angehörigen der Gruppen II und III, noch mehr die der Gruppen IV und V, d. h. insgesamt 50,5% aller Dorfweber (vgl. oben S. 51), als einfache Warenproduzenten zu bezeichnen.

Bei den Gärtnern, Häuslern und anderen Angehörigen der Gruppe I waren die Verhältnisse insofern anders, als der Produktionsmittelbesitz durch seinen geringen Umfang an Bedeutung verlor. Es war also vor allem eine Frage der Belastung durch Handdienste aller Art, ob sie daneben noch ein freieres Produktionsverhältnis eingehen konnten. Im allgemeinen ist davon nichts zu bemerken. Im

---

[210] *Engels, Friedrich*, Die Mark. In: Marx-Engels-Lenin-Stalin, Zur Deutschen Geschichte. Dietz Verlag, Berlin, 1953, Bd. I., S. 151.

übrigen war die Gruppe I die ökonomisch schwächste. Von ihr ging kein bestimmender Einfluß auf den Gang der allgemeinen Entwicklung aus. Sie besaß jedenfalls nicht die zersetzende Wirkung wie die Hausgenossen. Deren Anteil war mit 38,5% besonders groß, sie waren die größte Einzelgruppe unter den Landwebern. Allerdings war ihr Anteil an der Gesamtzahl der Produzenten noch etwas größer. Man darf selbstverständlich nicht in jedem Hausgenossen einen Dorfweber sehen oder vermuten, man darf nicht annehmen, daß ihre Tätigkeit in der Landwirtschaft keine Rolle gespielt habe. Wenn wir auch zu der Feststellung berechtigt sind, daß ihr Anteil an den gewerblich Produzierenden sehr hoch war — man muß ja noch andere Berufe berücksichtigen —, so ist doch nicht zu verkennen, daß ihre Stellung nicht stark genug war, um den später einsetzenden Tendenzen entgegenwirken zu können. Sie sind in den Prozeß der Neuformierung und Befestigung der feudalen Produktionsverhältnisse mit einbezogen worden. Sie haben sich dabei teilweise in kleine Landbesitzer verwandelt, sind durch neue Abgaben belastet worden und wirkten als eine besondere Schicht durch die folgenden Jahrhunderte weiter. Erst eine neue sozial-ökonomische Situation im 18. Jh. hat ihre Bedeutung wieder gehoben.

Wir kommen also zu dem Schluß:

In dem von uns untersuchten Zeitraum sind Angehörige aller Gruppen der Landbevölkerung, Landbesitzer, Landarme und Landlose, als Leinenproduzenten tätig gewesen.

Von den Landbesitzern sind die Gruppen IV und V für die gewerbliche Produktion von geringerer Bedeutung. Diese Bedeutung könnte sich möglicherweise erhöhen, wenn sich einwandfrei nachweisen ließe, daß sie bei sich beschäftigte Arbeitskräfte (Hausgenossen oder Gesinde) auch in gewerblicher Hinsicht ausbeuteten. Das war jedoch bislang nicht zu erweisen.

Gruppe I ist durch landwirtschaftliche Lohnarbeit und durch feudale Arbeitsverpflichtungen aller Art so stark in Anspruch genommen, daß ihr keine besondere Bedeutung für die gewerbliche Produktion zukommt. Die allgemein vertretene These von der vornehmlich gewerblichen Tätigkeit der Häusler bedarf also einer genauen Überprüfung. Für die erste Hälfte des 16. Jh. ist sie durch die Ergebnisse der Untersuchung mindestens sehr zweifelhaft geworden. Da sie zumeist in den Quellen des 17. und 18. Jh. als Handwerker erscheinen, ist der Prozeß ihrer Versorgung mit Land und der Übergang vom Landlosen zum Häusler oder Gärtner seit 1550 schärfer zu untersuchen, und zwar durch die Analyse zeitlich weiter auseinanderliegender Quellen.[211] Vielleicht würde das zu dem Ergebnis führen, daß die Durchsetzung des Gesindezwangsdienstes und die stärkere Bindung der Hausgenossen, d. h. die weitgehende Befriedigung des Arbeitskräftebedarfes der Feudalherren, die Bedeutung der Häusler für die gewerbliche Produktion ge-

---

[211] An die günstige Quellenlage im Gebiet des Klosters Marienstern anknüpfend (Das Zinsregister des Klosters Marienstern hg. von *Haupt, Walther* und *Huth, Joachim*. In: Schriftenreihe des Instituts für Sorbische Volksforschung Bd. 6, 1957) bin ich der Frage nach der Rolle und Bedeutung der Gärtner, Häusler und Hausgenossen für den feudalherr-

steigert haben, so daß man — fälschlich aus jüngeren Quellen rückschließend — ihnen eine zu große Bedeutung auch für die ältere Zeit zugeschrieben hat.
Die Produzenten der Gruppen II und III sind von großer Bedeutung. Es ist durch die Untersuchung bewiesen, daß die Gruppe der kleinen Landbesitzer in besonderem Maße zur gewerblichen Produktion geeignet war, womit der hohe Anteil der Dorfweber in der Gruppe II und die Massierung der Arbeitskräfte bei der Gruppe III ihre Erklärung finden. Bei allen diesen Gruppen bleibt jedoch — in verschiedenem Umfang — der Produktionsmittelbesitz als wichtigstes Kennzeichen der einfachen Warenproduzenten erhalten und wird durch den Verlauf der allgemeinen Entwicklung auch nicht gefährdet.
Die Hausgenossen schließlich bildeten die wichtigste Gruppe ländlicher Leinenproduzenten. Von ihnen ging eine Tendenz zur Zersetzung der feudalen Produktionsverhältnisse aus, die bei keiner der anderen Gruppen zu beobachten war. Sie sind — nicht nur auf dem von Marx und Engels analysierten Wege der Expropriation von Grund und Boden, sondern auch durch Maßnahmen des Überbaus (Erbrecht) — nicht im Besitze der Produktionsmittel, sie sind losgelöst von den Bedingungen ihrer Existenz, sind frei von feudalen Fesseln und von Eigentum. Daher resultieren im Verlaufe des 16. Jh. die Versuche, sie durch gesetzliche Maßnahmen in ihrer Freizügigkeit zu behindern bzw. einzuschränken, daher auch die Versuche der Grundherren und des Landesherrn, sie durch Schaffung kleiner Parzellen zur Seßhaftigkeit zu bringen und ihnen — wenn auch geringe — feudale Bindung aufzuerlegen. Da mit dieser Landversorgung die Verwandlung der Hausgenossen in Produzenten der Gruppe I vorbereitet oder durchgeführt wurde, diese Gruppe I aber im 16. Jh. für Leinenproduktion nicht in besonderem Maße in Frage kam, mußte das Ausscheiden der Hausgenossen die Gesamtlage der ländlichen Leinenproduktion entscheidend beeinflussen.
So können wir zwar von einer Lockerung der feudalen Produktionsverhältnisse und von Anzeichen ihrer Zersetzung sprechen, denn es bildete sich tatsächlich im Rahmen der feudalen Produktionsweise auf dem platten Lande eine landlose, keinem feudalen Produktionsverhältnis unterworfene Schicht von Hausgenossen, die nur vom Verkauf ihrer Arbeitskraft lebte. Doch die Stärke der feudalen Umwelt, im Zusammenhang mit der allgemeinen Entwicklung in Deutschland nach dem Scheitern der früh bürgerlichen Revolution, verhinderte einen weiteren Fortschritt in dieser Richtung und verzögerte die Entwicklung um Jahrhunderte.[212]

lichen bzw. bäuerlichen Betrieb nachgegangen (*Heitz, Gerhard*, Sozialgeschichtliche Aspekte eines Oberlausitzer Zinsregisters. In: „Letopis" Historische Jahresschrift des Instituts für Sorbische Volksforschung, B., 7, 1960, S. 133 ff.). Dabei ergaben sich Unterschiede im Tempo und Ergebnis der sozialen Differenzierung, die sicher bei Beachtung der gewerblichen Faktoren des Spätfeudalismus noch deutlicher zu machen wären.

[212] Vgl. *Steinmetz, Max*, Die frühbürgerliche Revolution in Deutschland 1476—1535. Thesen zur Wissenschaftlichen Konferenz der Sektion Mediävistik der Deutschen Historikergesellschaft. In: „ZfG", VIII. Jg., 1960, S. 113ff., sowie dem Bericht von *Laube, Adolf*, Gründungskonferenz der Sektion Mediävistik der Deutschen Historikergesellschaft. In: „ZfG", VIII. Jg., 1960, S. 964ff.

IV. DER KAMPF ZWISCHEN STADT UND LAND

Der Kampf zwischen Stadt und Land um die Rechtmäßigkeit und den Umfang der ländlichen Leinenproduktion ist ein Teil, eine Begleiterscheinung der Klassenkämpfe, die in der Periode des Bauernkrieges und der Reformation die Geschichte des deutschen Volkes und des deutschen Staates bestimmen. Engels hat in seiner Analyse der deutschen Verhältnisse am Vorabend des großen Bauernkrieges die soziale Struktur und die aus den Klassengegensätzen sich ergebenden Spannungen dargelegt; er hat aber auch eindringlich auf die politische Zersplitterung und die daraus sich ergebenden regionalen Besonderheiten hingewiesen, die zu beachten sind.

Engels schrieb: „Während in England und Frankreich das Emporkommen des Handels und der Industrie die Verkettung der Interessen über das ganze Land und damit die politische Zentralisation zur Folge hatte, brachte Deutschland es nur zur Gruppierung der Interessen nach Provinzen, um bloß lokale Zentren, und damit zur politischen Zersplitterung, die bald erst durch den Ausschuß Deutschlands vom Welthandel sich erst recht festsetzte".

Der sächsische Staat dieser Periode ist aus den Gegebenheiten und Folgen der Ostexpansion des 12. bis 14. Jh. und der damit verbundenen bäuerlichen Landnahme zu verstehen. Weiträumigkeit des Territoriums, Tendenz zur straffen Zentralisation, Unabhängigkeit von der Zentralgewalt des Reiches, Schwäche des Adels in politischer Hinsicht und eine große Anzahl kleiner, meist unbedeutender Städte, dafür aber günstige Lage der bäuerlichen Bevölkerung, sind einige Kennzeichen dieses Territoriums.

Der „albertinische" Staat, das spätere Kursachsen, ist durch die Leipziger Teilung vom Jahre 1485 entstanden. Diese Teilung hat für die Geschichte Mitteldeutschlands eine jahrhundertelange Bedeutung erlangt. Hier wurde entschieden, daß die ostmitteldeutsche Macht, die im Verlaufe des 15. Jh. in den Händen der Wettiner sich gesammelt hatte und seit 1464 von den Brüdern Ernst und Albrecht gemeinsam regiert wurde[214], nicht von einer Zentrale aus geleitet, sondern in zwei

[213] *Engels, Friedrich,* Der Deutsche Bauernkrieg. In: Marx-Engels-Lenin-Stalin, Zur Deutschen Geschichte. Dietz Verlag, Berlin 1953, Bd. I., S. 191.

[214] 1482 fiel nach dem Tode Herzog Wilhelms von Thüringen auch sein Gebiet an die Brüder.

(später dann noch mehr) Teile geteilt und ihrer politischen und sozialökonomischen Bedeutung beraubt werden sollte.[215] Durch diese Teilung wurde die Bildung eines für deutsche Verhältnisse außergewöhnlich geschlossenen Territoriums und damit eines entsprechend großen inneren Marktes als der Voraussetzung für die Herausbildung kapitalistischer Produktionsverhältnisse verhindert. Dabei boten die Verhältnisse in Sachsen durchaus die Ansätze dazu, besonders seitdem durch die Hussitenkriege eine Verlagerung der Handelswege nach Norden eingetreten war, und der immer stärker werdende West-Ost-Handel Leipzigs Bedeutung als Handelsmittelpunkt ständig wachsen ließ.
Diese Teilung war ein Sieg der feudalen Staatsauffassung. Sie stand im Gegensatz zu den Interessen des städtischen Bürgertums und hat dessen Entwicklung gehemmt. Für den Adel bedeutete sie — trotz aller Zeichen von Mißbilligung, die sich aber mehr auf die notwendig gewordenen Umgruppierungen bezogen — eine Befestigung seiner Macht. Von seiten der Landesherren war die Bedeutung der Schaffung und Erhaltung einheitlicher Territorialkomplexe noch nicht erkannt worden.[216] Am meisten läßt sich eine solche Auffassung noch bei Albrecht erkennen, dessen der Teilung entgegenstehende Motive allerdings nicht deutlich genug hervortreten.[217]
Im Rahmen dieses albertinischen Staates geht nun die Auseinandersetzung vor sich, die wir im einzelnen zu betrachten haben werden. Sachsen bietet in der untersuchten Periode, also von 1470 bis 1555, den Eindruck eines Landes, in dem es zu größeren offenen Auseinandersetzungen zwischen Feudalherren und Bauern nicht gekommen ist, weil die sozialökonomischen Verhältnisse den beiderseitigen Interessen einigermaßen entsprachen; der sich anbahnende Prozeß der stärkeren Feudalbindung wird jedenfalls nur an einigen Stellen greifbar.
In unserem Untersuchungsgebiet bot zudem die gewerbliche Produktion für viele Dorfbewohner die Möglichkeit, sich außerhalb der agrarischen Produktionsverhältnisse zu halten und Einkünfte zu verschaffen. Dadurch wurde der Gegensatz zwischen Feudalherren und Bauern, bzw. der gesamten Landbevölkerung und der Gegensatz zwischen Feudalherren und Bürgern, bzw. der gesamten Stadtbevölke-

[215] Zur Leipziger Teilung vgl. die Dissertation von *Hänsch, E.*, Die Wettinische Hauptteilung von 1495. Leipzig 1909. Während hier, sehr stark auf die handelnden Personen zugeschnitten, die Vorgeschichte und die nachfolgenden Streitigkeiten berichtet werden, findet sich bei *Kötzschke, Rudolf*, Sächsische Geschichte. Bd. I, Dresden 1935, S. 169f., eine wohlabgewogene Einschätzung. Allerdings enthält sich Kötzschke einer Stellungnahme zu den Folgen, die die Teilung für die deutsche Geschichte gehabt hat. Er bemerkt nur (ebenda, S. 171): „Ein Zeitalter sächsischer Geschichte ging mit diesen Ereignissen zu Ende. Eine neue, gewaltige Zeit zog herauf. Sachsen und das Haus Wettin traten in sie in aussichtsreicher und verantwortungsvoller Stellung ein, aber nicht mehr mit der Vollkraft, die während der vorangegangenen Menschenalter ihnen zugestanden hatte."

[216] *Hartung, Fritz*, Deutsche Verfassungsgeschichte. 5. Aufl., 1950, S. 65ff.

[217] *Hänsch, E.*, a. a. O., S. 55, S. 74; später hat Albrecht in der sog. „Väterlichen Ordnung" von 1499 für sein Gebiet die Unteilbarkeit als Forderung erhoben, vgl. *Kötzschke, R.*, Sächsische Geschichte, a. a. O., Bd. I, 1935, S. 195.

rung durch den Gegensatz von Stadt und Land überdeckt. Dieser Gegensatz war einerseits die Fortsetzung der mittelalterlichen Streitigkeiten wie sie, sich aus der Existenz der Städte und ihrem Streben nach Verwirklichung der Privilegien, d. h. aus der Tatsache ergaben, daß im Mittelalter „die Stadt überall und ohne Ausnahme das Land ökonomisch durch ihre Monopolpreise, ihr Steuersystem ihr Zunftwesen, ihren direkten kaufmännischen Betrug und ihren Wucher" ausbeutet [218]. Dieser Gegensatz nahm andererseits in unserem Zeitraum besonders scharfe Formen an, weil er mit der Lockerung und teilweisen Auflösung feudaler Produktionsverhältnisse verbunden war.[219] Hatten wir soeben festgestellt, daß der Gegensatz von Stadt und Land die sozialen Gegensätze auf dem Lande bzw. in der Stadt überdeckte, so müssen wir auch feststellen, daß die wachsenden Widersprüche innerhalb der Produktionsverhältnisse auf dem Lande bzw. in der Stadt jene für die frühbürgerliche Revolution charakteristischen Formen des Stadt-Land-Verhältnisses hervorbrachten, mit denen wir uns hier beschäftigen wollen, indem wir in den folgenden Abschnitten die Ziele der in Streit liegenden Parteien, die Formen ihres Kampfes und schließlich den Verlauf der jahrzehntelangen Auseinandersetzungen darstellen.

a) Die Ziele des Kampfes

Wir beginnen mit den Städten. Das oberste Ziel der Städte war die Bewahrung der ihnen durch Privilegien gesicherten Stellung innerhalb des spätfeudalen Ständestaates. Für die Zünfte speziell bedeutete das die Sicherung ihrer auf der Grundlage der einfachen Warenproduktion beruhenden Existenz. Um dieses Ziel zu erreichen, stellten sie sich von Zeit zu Zeit Teilziele, die sich dem Verlaufe des Kampfes entsprechend änderten.

Ein großer Teil der untersuchten Nachrichten fordert eine Einschränkung der Landproduktion. Man geht dabei davon aus, daß die Landproduktion über die Befriedigung des *eigenen*, allenfalls des *lokalen* Bedarfs nicht hinausgehen soll. Die Forderung, die Landproduktion abzuschaffen, nimmt in den Beschwerden ebenfalls einen breiten Raum ein. Dabei ist es nicht immer leicht, zu unterscheiden, ob diese Forderung nur rethorischen Wert hat, um den Landesherrn aufmerksam zu machen, oder ob man wirklich von einer ernsthaften, im Rahmen der gesamten Politik der Städte zu beachtenden Forderung nach völliger Abschaffung sprechen kann. Oft folgt auf solche grundsätzlichen Verbotsforderungen eine Einschränkung, indem die Zahl der Dorfweber fixiert oder die ihnen erlaubten Leinensorten genannt werden. In beiden Fällen, bei der Forderung nach Einschränkung und nach Abschaffung der Landweber, wird ein doppeltes Verfahren

---

[218] *Marx, Karl,* Das Kapital, a. a. O., Bd. III, S. 852.

[219] Von neueren Arbeiten zur Sozialstruktur des untersuchten Gebietes nenne ich hier *Blaschke, Karlheinz,* Soziale Gliederung und Entwicklung der sächsischen Landbevölkerung im 16.—18. Jahrhundert. In: „Zeitschr. f. Agrargesch. u. Agrarsoziologie", Jg. 4, 1956, H. 2, S. 144ff.; sowie *Pannach, Karlheinz,* Das Amt Meißen vom Anfang des 14. bis zur Mitte des 16. Jahrhunderts. In: Forschungen zur mittelalterlichen Geschichte. Bd. 5. Berlin 1960.

vorgeschlagen; entweder soll der Landesherr[220], durch seine Vertreter, oder der für das betreffende Dorf zuständige Feudale die Wünsche der Stadt erfüllen. Das betrifft die später zu behandelnden, durch Schreiben der Städte angeregten Anordnungen des Landesherrn an den Adel.

Neben diese bei aller Schärfe des Brieftones doch passive, d. h. nicht auf selbständige Aktion gerichtete Einstellung der Stadt, die von anderen die Erfüllung der eigenen Forderungen erwartet, tritt auch die selbständige Handlung, die zumeist erst nach vollbrachter Aktion in der Meldung des Vollzugs oder der Beschwerde der Betroffenen bekannt wird. Diese Aktionen mit Vernichtung von Webstühlen und Wegnahme der Leinwand sind aus der jahrelangen Mißachtung der zünftischen Vorrechte erwachsen. Sie dienen der Aufrechterhaltung des Produktionsmonopols. Nur die tatsächlichen Machtverhältnisse hindern die Städte daran, solche Aktionen häufiger in die Wege zu leiten, wobei zu beachten ist, daß wir sicher nicht alle Fälle kennen, da die Überlieferung sehr mangelhaft ist.

Wenn man aus den Briefen und Akten erkennt, daß die Stadt eine Vernichtung der Produktion sowohl durch den Landesherrn oder seine Vertreter als auch durch Handlung der Stadt selbst unterscheidet, so ist es faktisch meistens ein Zusammenwirken gewesen.[221]

Welche Ziele haben nun die anderen Beteiligten? Die ländlichen Produzenten wollen ohne Behinderung durch die Stadt und ohne die Reglementierung der Zunft ihre Gewerbe treiben. Sie wollen so frei und so billig wie möglich produzieren. Je nach dem Grade ihrer Beschäftigung steht dabei die Befriedigung des eigenen oder des lokalen Bedarfs, bzw. die Sicherung der Produktion für Markt oder Verleger im Vordergrund. Sie führen ihren Kampf dabei nach zwei Seiten, einmal gegen die Stadt und zum anderen gegen die produktionsstörenden Dienste und Abgaben an die Feudalen.

Die Feudalherrn haben in erster Linie das Ziel, ihre beherrschende Stellung auf dem Lande gegenüber der Gesamtheit der ihrer Grund- bzw. Gerichtsherrschaft unterworfenen Bevölkerung zu sichern. Ihre positive Einstellung gegenüber den Landproduzenten ist in unserem Zeitraum bis zur Mitte des 16. Jh. noch nicht von der Absicht getragen, den Dorfwebern ihres Herrschaftbereichs Sonderabgaben für die gewerbliche Produktion abzuverlangen. Sie erheben keinen Stuhlzins von den Webern. Doch die Aufrechterhaltung ihrer Herrschaft ist davon abhängig, ob es ihnen gelingt, die Existenz der Produzenten ihres Bereichs zu garantieren. Geschieht dies nicht durch eine grundherrliche Bindung, d. h. durch Land, das im individuellen Besitz des Bauern ist, so muß der Adel landarmen und landlosen Elementen durch gewerbliche Produktion die Gelegenheit zur Fristung ihres Unterhalts bieten.

[220] Loc. 8746, fol. 60, Chemnitz an Landesherrn gegen Abt von Chemnitz.

[221] So 1522, als die Chemnitzer, von Beauftragten des Amtmanns begleitet, in Jahnsdorf einfallen (CDS II, 6, Nr. 454).

Die Stellung des Landesherrn und die Rolle, die seine lokalen Vertreter in den Ämtern im einzelnen gespielt haben, ist nur ungenau zu erkennen. Görlitz hat auf Grund eines umfangreichen Materials eine sehr vorsichtige Einschätzung der Haltung des Landesherrn gegeben.[222] Seiner Ansicht nach läßt das Material erst ab 1525 genauere Schlüsse zu, die er mit gewissen Vorbehalten auf den gesamten Zeitraum der Regierung Georgs ausgedehnt wissen will. Er hat festgestellt[223], daß die Landesregierung in der Meile jegliches Dorfhandwerk verbot, es sei denn, der Nachweis langjähriger Gewohnheit (nach sächsischem Recht 30 Jahre) könne erbracht werden. Außerhalb der Meile ist der jeweils verjährte Zustand maßgeblich, und im einzelnen wurden die örtlichen Besonderheiten berücksichtigt. Diese Haltung bedeutet im wesentlichen, daß der Unterschied der Gebiete innerhalb und außerhalb der Meile nur in einer etwas strafferen Form der Kontrolle und des angelegten Maßstabes bestand.
Georg hat während seiner gesamten Regierungszeit versucht, Konflikte mit den Ständen zu vermeiden und diesen selbst die Austragung der entstehenden Streitigkeiten überlassen. Seine Räte waren häufig Angehörige der Ritterschaft, ebenso die jeweils zuständigen Amtsleute. Ihre Entscheidungen waren keineswegs „unparteiisch". Die wichtigste Feststellung ist aber die, daß Görlitz[224] bei seinen Forschungen keinen einzigen Fall entdecken konnte, in dem ein Grundherr wegen der Existenz oder der Duldung von Dorfwebern wirklich bestraft worden wäre. Das war ganz ohne Zweifel eine für die städtischen Forderungen vernichtende Tatsache. Georg besaß in den Räten ein außerordentlich wirksames, die Stimmung der Landschaft deutlich widerspiegelndes Instrument, dessen er sich für die Durchsetzung eigener Belange gern bediente, das aber andererseits von besonderem Einfluß bei den Ausarbeitungen gemeinsamer Entschließungen war. Unter den Räten überwogen die Adligen[225], ohne daß man den Einfluß der bürgerlichen Räte etwa gering einzuschätzen hatte. Georgs Politik, die Stände an der Regierung des Landes mitwirken zu lassen, ohne seine führende Rolle zu gefährden, wurde ihm durch seine im Verlaufe der Zeit immer größer werdende ökonomische Unabhängigkeit erleichtert. War diese in der ersten Zeit durch die Ausgaben für das Friesländische Unternehmen noch bedroht, so besserte sich seine Lage seit 1520 merklich. Er konnte auf allzu große Steuerforderungen verzichten.[226] In den dreißiger Jahren enthob ihn der neue Bergsegen aller finanziellen Sorgen, und er hinterließ ein wohlgeordnetes Finanzwesen.[227] So wurde er gerade in der

[222] Staat und Stände, S. 475ff.
[223] Ebenda, S. 211ff.
[224] Ebenda, S. 219.
[225] Ebenda, S. 480; vgl. auch *Blaschke, Karlheinz*, Die kursächsische Landesregierung. In: Aus mitteldeutschen Archiven. Zum 60. Geburtstag von Hellmut Kretzschmar, Nr. 3 der Schriftenreihe der Staatlichen Archivverwaltung, 1953, S. 273.
[226] Ebenda, S. 394ff., 376ff.
[227] Vgl. die von *Görlitz* erbrachten Aufstellungen, a. a. O., S. 296ff., 385, 387, 391, sowie den gesamten Abschnitt XII (Finanzwesen).

Periode des schärfsten Kampfes zwischen Stadt und Land zur Parteinahme meistens gar nicht gezwungen, da er sich nicht von Rücksichten auf die Stimmung der Stände leiten lassen mußte.

Man wird dem Urteil Görlitz' zustimmen können, daß in der Regierungszeit Georgs, die den größten Teil des von uns untersuchten Zeitraumes ausfüllt, von ernsthaften Konflikten mit den Ständen nicht gesprochen werden kann. Wie seine Einstellung zu den brennenden Fragen der wirtschaftlichen Auseinandersetzung zwischen Stadt und Land sich auswirkte, d. h., welches — von seinen Plänen und Absichten unabhängig — ihre objektiven Folgen waren, werden wir bei der Erörterung der Formen des Kampfes noch näher untersuchen müssen.

b) Die Formen des Kampfes

Um die ihnen gegebenen Privilegien gegen Übergriffe nichtzünftischer Produzenten zu schützen, nahmen Vertreter der Städte bzw. Innungen Untersuchungen der Verhältnisse in den Dörfern vor. Im einzelnen Falle liegt die Veranlassung der jeweiligen Erkundung meist im Dunkeln. Man darf aber an eine systematische Beobachtung meines Erachtens nur in der Periode der schärfsten Auseinandersetzung, etwa von Mitte der zwanziger bis zur Mitte der dreißiger Jahre, denken. In den meisten Fällen hinterläßt das Material durchaus den Eindruck, daß die Untersuchungen nur sporadisch vorgenommen worden sind. Die Vertreter der Städte begaben sich auf das Land[228] und erfragten beim Richter oder bei Dorfbewohnern, ob und in welchem Umfange in ihrem Dorfe Leinen gewebt und „bürgerliche Hantierung" getrieben würde. Nähere Ausführungen über den Verlauf der Erkundung folgen meist nur im Falle der Verweigerung der Auskunftserteilung durch den Richter oder bei Widerstand. Eine ganz charakteristische „Erkundung" der Verhältnisse ist der Beschwerde von Chemnitz über die Leineweber in den Dörfern des Chemnitzer Abtes vorausgegangen[229], bei der man den Weg der Kommission durch die Dörfer genau verfolgen kann. Bei solchen Erkundungen ist es nun nicht immer sehr zart hergegangen. Die Dorfweber behaupteten teilweise, besondere Privilegien zu besitzen, zumeist brachten sie ihren Anspruch auf Fortführung der Produktion sehr handgreiflich zum Ausdruck. Sehr oft war den Webern im Dorfe auch vorher bekannt[230], daß die Untersuchung stattfinden würde und zu welchem Zeitpunkt.

Man war dann mit Argumenten gut versehen und verzögerte das Verfahren nach besten Kräften. Sehr häufig war der Richter als geeignete Auskunftsperson nicht anwesend, und die Untersuchung wurde verschoben. Vielfach erbat man sich

---

[228] Vgl. *Görlitz, Woldemar*, a. a. O., S. 215, mit Anm. 7; ein Einzelbeispiel findet sich gedruckt bei *Kunze, Arno*, Die Frankenberger Leinwand, a. a. O., S. 67.

[229] Vgl. Regest Nr. 5.

[230] Vgl. Regest Nr. 20. Oederan fügt einer Beschwerde, in der eine größere Anzahl von Dorfwebern genannt worden waren, die Bemerkung an, unter den Edelleuten „vor und um den Wald gelegen" seien noch viele Weber. Ihre Abgesandten hätten aber eine Besichtigung nicht gewagt, weil sie mit „ferlichkeiten" hätten rechnen müssen (Loc. 8746, fol. 78).

Zeit zur Rücksprache mit dem Ortsherrn. Häufig kam es zur Androhung von Tätlichkeiten, wie beispielsweise 1534 in Hartmannsdorf[231], wo die Dorfweber — offenbar vorsorglich — im Hause des Richters versammelt waren und dessen ablehnende Haltung mit allerlei Drohungen unterstützten.[232]
Nachdem die Dorfweber ausgekundschaftet waren, wurde eine Aufstellung gemacht, in der man neben den Webern auch die Adligen verzeichnete, denen sie zinspflichtig waren. Diese wurde zusammen mit der Beschwerde dem Landesherrn zugeschickt. Da der Text in vielen Fällen getrennt von dieser Aufstellung (die daher oft nur aus Erwähnungen bekannt ist) geschrieben wurde, ist eine große Anzahl von Dorfweberlisten verloren gegangen. Die landesherrliche Kanzlei übersandte diese Aufstellunggen häufig den betroffenen Adligen mit der Aufforderung zur Nachprüfung und Stellungnahme.
Die Art, in der die Beschwerden geschrieben und eingereicht worden sind, ist von Interesse für das Kräfteverhältnis in der Stadt[233] und der Städte untereinander. In den meisten Fällen hat der Rat — erkennbar oder vermutbar — sein Aufsichtsrecht dadurch wahrgenommen, daß er die Beschwerden der Innung an den Landesherrn weiterreichte, wenn er sie nicht sogar selbst formuliert hatte.[234] Es kam aber nicht selten auch dazu, daß die Innungen verschiedener Städte sich zu einer Beschwerde vereinigten, die sie dann über den Rat von Chemnitz an den Landesherrn sandten.[235]
Es ist verständlich, daß der Chemnitzer Rat, der an den Einnahmen der Bleiche beteiligt war[236], in besonderem Maße am Gedeihen der Leineweberzünfte Sachsens interessiert war; denn die städtischen Handwerker waren die Hauptlieferanten seiner Bleiche, und von ihrer Produktion hing das Gedeihen der Bleiche ab. Eine

[231] Hartmannsdorf liegt bei Burgstädt, Dorfherr war Ritter v. Ende.
[232] Vgl. Loc. 8746, fol. 238.
[233] Einen wichtigen neuen Gesichtspunkt für die Beurteilung des Verhältnisses von Rat und Zünften hinsichtlich städtischer und ländlicher Störer hat *Bogucka, Maria*, Das Danziger Textilgewerbe vom 16. bis zur Mitte des 17. Jahrhunderts (poln.), Warschau 1956 eingehend behandelt; vgl. dazu den Literaturbericht von *Heitz, Gerhard* und *Kalisch, Johannes*, in: „ZfG", V. Jg., 1957, S. 1361. Bogucka verweist auf die ökonomischen und politischen Differenzen, die eine volle Erfüllung zünftischer Forderungen durch den Rat verhinderten. Diese Frage dürfte nach den neuen Forschungen Kunzes jetzt auch für Chemnitz und möglicherweise dann für andere Städte in Sachsen eingehender zu behandeln sein.
[234] 1518 berichten die Leineweber von Chemnitz dem Rat, mit der Bitte um Weiterleitung, über Dorfweberei, Garnkauf und Export, vor allem im Gebirge (Loc. 8746, fol. 60/61). Der Rat von Oschatz ersucht 1528 im Namen der Leineweberinnung den Landesherrn, durch seine Vertreter die Dorfproduktion verhindern zu lassen (ebenda, fol. 101). Der Rat von Döbeln bittet 1533 auf Ersuchen der Leineweber daselbst den Landesherrn um Abschaffung der Dorfweber (ebenda, fol. 164).
[235] z. B. bittet der Rat von Chemnitz (1528) im Namen der Leineweber zu Zschopau, Oederan, Frankenberg und Hainichen um ein Verbot der Dorfweber (ebenda, fol. 102); kurze Zeit später wenden sich die Dorfweber der genannten Städte (dazu Geithain und Chemnitz selbst) erneut an den Rat von Chemnitz (ebenda, fol. 114).
[236] Vgl. *Zöllner, Reinhard*, a. a. O., S. 111.

ähnliche Stellung nahm Rochlitz ein, wo seit mindestens 1449[237] eine genehmigte Bleiche bestanden hat. Es kam jedoch auch vor, daß die Leineweberinnungen kleinerer Städte sich nicht an ihren (ohnehin machtlosen) Rat wandten, sondern direkt an den von Chemnitz mit der Bitte um Fürsprache beim Landesherrn.[238] Dieser Beschwerdeweg war einerseits der Ausdruck für das Vertrauen in den Rat von Chemnitz, andererseits ein Beweis für die Schwäche der Leineweberinnungen. Formal war die Innung berechtigt, sich an den Landesherrn direkt zu wenden, und sie tat das immer dann, wenn die Not besonders groß war. Zumeist geschah es aber im Verein mit den Innungen anderer Städte.[239] Es begegnet auch der Fall, daß Chemnitz eine (im Archiv nicht mehr auffindbare) Beschwerde von Oederan mit Nachdruck, allerdings ohne die dort enthaltenen Einzelheiten, wiederholt.[240]
Es ist nicht die Aufgabe dieses Abschnitts, im einzelnen darzulegen, wie der Geschäftsgang der landesherrlichen Kanzlei gewesen ist, welche verwaltungstechnischen Handlungen also notwendig waren zur „Bearbeitung" der Beschwerden. Wir betrachten daher nur noch kurz, wie die Städte bei (meist durch den Landesherrn vermittelten) gemeinsamen Beratungen aller beteiligten Parteien handelten. Wenn sich die Städte in ihren vom Landesherrn verliehenen Rechten dauernd bedroht fühlten, kam es zu Aktionen gegen die Leineweber. Solche Aktionen erfolgten auf legalem Wege, indem vor dem Landesherrn oder seinem Amtmann ein Vergleich erzielt wurde[241], vor dem ordentlichen Gericht eine Verhandlung stattfand[242] oder der Landesherr selbst durch schriftlichen Entscheid eingriff.[243]

---

[237] Vgl. CDS II, 6, Nr. 143; dort Erwähnung einer Bleiche in Rochlitz.

[238] 1533 bittet die Innung der Leineweber von Oederan den Rat von Chemnitz um Unterstützung gegen die Leineweber „im Gebirge" (Loc. 8746, fol. 158), Oederans Leineweber wenden sich 1540 allerdings auch direkt an den Landesherrn (Loc. 9897, fol. 21/23; Regest Nr. 32).

[239] 1518 wendet sich die Innung von Chemnitz an den Landesherrn und bittet um Hilfe gegen Dorfweber im Gebiet des Abts von Chemnitz (Loc. 8746, fol. 51f.). Dabei wird die mangelnde Unterstützung durch die Amtleute beklagt. 1529 und 1530 wenden sich Mittweida, 1538 Hainichen und Frankenberg gemeinsam, direkt an den Landesherrn. Die umfangreichste (und zugleich wertvollste, weil mit vielen Namen versehene) gemeinsame Beschwerde erfolgt 1534 durch die Städte Frankenberg, Chemnitz, Rochlitz, Hainichen, Mittweida, Zschopau, Oederan und Geithain (vgl. Regest Nr. 29); schon 1531 hatten Chemnitz, Geithain, Zschopau, Oederan, Hainichen und Frankenberg sich mit einer allgemeinen Beschwerde an die Regierung gewandt (Soc. 8746, fol. 146ff.).

[240] Im Jahre 1533, Loc. 9832, fol. 21; Regest Nr. 28.

[241] Über solche Vergleiche berichtet *Görlitz, Woldemar,* a. a. O., S. 217ff., mit reichem Quellenmaterial. Die Entscheidung war meist unzulänglich. Das lag wohl weniger an dem Mangel eines „Grundsatzes" bei der Regierung, wie Görlitz annimmt, sondern an dem Zwang der Tatsachen. Ein solcher Vergleich beinhaltete meistens die Beschränkung der Weberzahl oder deren Abschaffung; es wurden Menge und Sorten der Leinwand vorgeschrieben, auch begrenzte Produktionserlaubnis ausgesprochen.

[242] Prozesse begegneten mir in 3 Fällen (vgl. Regesten 14, 36, 37); formal enden sie alle mit dem Verbot der ein bestimmtes Maß überschreitenden Landproduktion. Weitere Beispiele für Rechtsverfahren bietet *Görlitz, Woldemar,* a. a. O., S. 221 Anm. 3. Aus späterer Zeit ist der Befehl Kurfürst Augusts (1573, März 27) zu nennen, Joseph Alnpeck, Dorfherr von Groß-Hartmannsdorf, als Kläger, die Leineweber von Freiberg als

Gewaltsames Vorgehen der Städte erscheint in den Quellen direkt und indirekt. Das beste Beispiel dafür ist die im Jahre 1522 erfolgte Zerstörung von Webstühlen in Jahnsdorf, das dem Abt von Chemnitz unterstand.[244] Die Chemnitzer sprechen im Jahre 1518 von solchen Aktionen als einer alten Gewohnheit.[245] Für Frankenberg bemerkt A. Kunze[246], daß die Bekämpfung der Landweber in den Innungsrechnungen verschiedentlich ihren Niederschlag gefunden habe. Die Innung von Geithain nimmt 1532 eine Nachprüfung in Dörfern v. Ossas vor.[247] Die Chemnitzer[248] sehen die einzige Möglichkeit der Beseitigung der Dorfweber darin, diesen die Werkzeuge und den Rohstoff zu entziehen und im Amt zu bewahren.[249] Es wird übrigens deutlich, daß solche Einfälle im Untersuchungszeitraum nur selten von den Städten durchgeführt wurden. Nach dem benutzten Material befanden sie sich durchaus in der Abwehr.[250]

Wir wenden uns nun den Kontrahenten der Stadt zu. Aus verschiedenen Gründen muß man Dorfweber und Adel in ihrer Beteiligung am Kampf gegen die Forderungen der Stadt gemeinsam behandeln. Die Dorfweber treten in den Quellen fast auschließlich als Objekt hervor. Ausnahmen bestätigen diese Regel.[251] Die Dorfweber von Rossau (Ober- und Nieder-Rossau) weisen im Jahre 1538 in einem

---

Beklagte vor Gericht zu laden. Im gleichen Jahre (August 17) melden die Beauftragten die Erledigung dieses Befehls. Näheres über Ausgang und Strafmaß fehlt (vgl. Coll. Schmid: Amt Freiberg, Vol. VI., Nr. 61 und *Märker, G.*, Geschichte von Großhartmannsdorf. 1832, S. 252f., S. 319.).

243 Darüber ist später zu berichten.

244 CDS II, 6, Nr. 454; vgl. Regest Nr. 13. Der Eingriff in Jahnsdorf erfolgte mit ,,etzlichem fuessvolk und reyttenden“. Eine genauere Beschreibung des rücksichtslosen Vorgehens der Chemnitzer (allerdings am Beispiel der Verhinderung ländlicher Bierbrauerei) findet sich bei *Sachse, F.*, Streitigkeiten und Kämpfe der Chemnitzer bierbrauenden Bürgerschaft um das Recht der Bannmeile (sog. Biermeile) vom 14.—18. Jahrhundert. In: ,,Mitteilungen des Vereins für Chemnitzer Geschichte“, Bd. 22, 25ff. (1918/19); er beschreibt die Streitigkeiten um das Recht der Bannmeile und erwähnt, wie im Jahre 1512 in Olbersdorf nicht nur das Bier beschlagnahmt und an Ort und Stelle ausgetrunken, sondern auch andere Nahrungsmittel vernichtet wurden, sowie auf der Suche nach dem Richter das Haus empfindlich demoliert wurde.

245 Loc. 8746, fol. 51. ,,unser ald meister auch ander burger der stadt Kempnitz thun unß underricht daß etwan der Erbe auch noch bei menschen gedenken den hantwurgern diße gunst gethan von wegen furstlicher befreyung der stadt mit der gemeyne nauß geczogen dy hantwurge in dorffern zeustereth ire gezcew zcu nichtigeth. . . . daß denne zceyt lanck ym besten nachblieben“ usw.

246 In: Die Frankenberger Leinewand, a. a. O., S. 68.

247 Loc. 8746, fol. 167.

248 Ebenda, fol. 102. Wenige Monate später ermächtigte Georg Zünfte und Räte, alle in der Meile gefertigte Leinewand zu beschlagnahmen und ins Amt zu führen (vgl. auch ebenda, fol. 103, Konzept).

249 Es ist nicht ganz sicher, ob 1537 eine solche Aktion in Auerswalde stattgefunden hat. Der Landesherr behauptet es, der Geleitsmann von Chemnitz verwahrt sich jedoch gegen die Vorwürfe (ebenda, fol. 251).

250 *Görlitz, Woldemar*, a. a. O., S. 221.

251 Loc. 8746, fol. 246, vgl. unten Anm. 262; sowie Burgarchiv Gnandstein (Archiv der Karl-Marx-Universität Leipzig) 1533—1539 (v. Einsiedel) und LHA Dresden Coll. Schmid.,

Schreiben an den Landesherrn die gegen sie wegen unrechtmäßiger Produktion erhobenen Beschuldigungen zurück. Das Dorf liegt zweifelsfrei in der Bannmeile der Städte Mittweida und Hainichen. Auch die beiden Leineweber zu Bockau wenden sich selbständig an den Landesherrn, als sie von gewaltsamer, mit Unterstützung des Amtes erfolgter Pfändung betroffen wurden, und die Dorfweber von Burkersdorf (südlich Chemnitz) berufen sich in einem selbständigen Schreiben auf ihre alten Rechte. Schließlich sei an die bereits erwähnten Prozesse erinnert, in deren Verlauf die Dorfproduzenten und andere Dorfbewohner aktiv hervortreten. In den Beschwerden der Städte erscheinen mitunter die Namen der Dorfproduzenten und auch Äußerungen ihres Widerstandes oder Unwillens. In den Antworten der Feudalherren werden sie nur ganz selten mit Namen, meist aber kollektiv erwähnt. Es ist zu betonen, daß die Interessen der Dorfweber und des Adels in bezug auf die Landproduktion weitgehend übereinstimmen. Man darf dabei allerdings nicht übersehen, daß die Spannungen zwischen Landbevölkerung und Herrschaften meist nur im Falle offener Auflehnung aktenkundig geworden sind. Das gleiche gilt auch hinsichtlich der Dorfproduzenten. So ruft beispielsweise G. v. Zaschwitz den Landesherrn um Hilfe gegen einen Dorfweber an, dem er, entsprechend dem landesherrlichen (nicht aufgefundenen) Schreiben, die Produktion verboten hatte. Dieser Weber aus Ottendorf (bei Hainichen) hat eine frühere landesherrliche Erlaubnis vorgezeigt und seinen Erbherrn „mit unnutzen schmelichen wortten vor allen leuthen erbar und unerbar als seynen erbherrn seher übel angefahren und gelugenstraft". Dem Richter, der ihn festnehmen sollte, ist er unverbürgt entkommen; „e. f. g. zu ermessen wie eyn ungehorsamer man er ist und so es dießem nachgelassen wurde wurden die andern also halsstarrig daß mir keyner meher gehorsam leyst". Es folgt die Bitte um Hilfe, und wegen der Rechtmäßigkeit seiner Dorfweber verlangt er eine Kommission.[252] Sieht man von der einfachsten Form der Mißachtung[253] der Verbote und Beschwerden ab, so spielt das hartnäckige Leugnen[254] in der Taktik des Landes eine gewisse

Amt. Chemnitz, Vol. V., Nr. 129a. Zu verweisen ist auch auf die Regesten Nr. 14, 36 und 37.

[252] Loc. 8746, fol. 95.

[253] 1529 schreibt Herzog Georg dem Abt von Zelle, er solle sich endlich wegen der gegen ihn erhobenen Beschwerden bezüglich Duldung der Landweber verantworten (ebenda, fol. 127); hierher gehört auch das Schreiben, in dem (ebenfalls 1529) der Amtmann des Klosters Chemnitz — so allgemein, wie man sich nur vorstellen kann und ohne eine einzige konkrete Angabe — dem Landesherrn auf dessen Schreiben mitteilt, daß er den Dorfwebern die Bestimmung der Landesordnung zur Kenntnis gegeben und sie aufgefordert habe, sich danach zu richten (ebenda, fol. 135). Über die Hartnäckigkeit der Äbte von Zelle in Streitigkeiten mit Freiberg (wegen Braurecht) berichtet *Richter, Karl*, Das Freiberger Bier und Freibergs Brau- und Schanknahrung seit der ältesten Zeit. In: „Mitteilungen des Freiberger Altertumsvereins", 25, 41ff, bes. 75ff. (1888).

[254] 1533 verwahrte sich E. v. Schönberg gegen den Vorwurf, seine Leute trieben verbotene Handlung usw. Seine Beauftragten seien den Leinewebern und Händlern ständig auf der Spur, es sei aber noch keiner gefunden worden; er verlangt nun von den Städten, sie sollen ihm den Beweis antreten (Loc. 8746, fol. 160). Auch bei den sehr viel mäch-

Rolle. Man weiß einfach von nichts, die Ortsherren sind erstaunt, solche Klagen vernehmen zu müssen, und die von ihnen daraufhin befragten Dorfweber oder die Richter der Dörfer äußern sich dementsprechend. Im übrigen wird in den meisten Stellungnahmen der Ortsherren die Landweberei nicht grundsätzlich geleugnet; man wehrt sich aber mit den verschiedensten Argumenten gegen ein Verbot. An erster Stelle ist dabei die Berufung auf altes Recht und auf jahrelang geübte Gewohnheit zu nennen. Die Anwesenheit von Handwerkern, speziell Leinewebern, wird als ein Recht des Ortes bezeichnet, und die entsprechenden Aussagen der Richter oder anderer Bewohner des Dorfes werden mitgeteilt. Wie Görlitz[255] ausführt, ist der Grundsatz der Verjährung von der Landesherrschaft immer anerkannt worden. Eine solche Anerkennung erfolgte auch, wenn dadurch Zunftprivilegien beeinträchtigt bzw. außer Kraft gesetzt wurden. Wir stellen also fest, daß selbst der entstehende Territorialstaat ostmitteldeutscher Prägung, der doch schon über eine differenzierte Verwaltung und Schriftlichkeit verfügte, den Grundsatz des feudalen Gewohnheitsrechts über die Kodifikationen der städtischen Innungen stellte.

Ich greife einige Beispiele heraus: Als Erwiderung auf eine sehr detaillierte Beschwerde antwortet G. v. Harras dem Landesherrn, das ,sei mit den Dorfwebern seit alter Zeit so gewesen'.[256] Mit dem gleichen Argument antworten die Herren von Lauterstein. In deren Schreiben[257] wird der Landesherr geradezu aufgefordert, für die Sicherung der herkömmlichen Rechte Sorge zu tragen. Auch die Familie v. Einsiedel zu Gnandstein und Scharfenstein bietet an, die Rechtmäßigkeit ihrer Dorfweber zu beweisen.[258] Der Richter von Jahnsdorf erklärt (1528) den Chem-

tigeren Schönburgs kann an der dem ländlichen Gewerbe günstigen Einstellung kein Zweifel sein. Da sie — im Gegensatz zu anderen Herrschaften haben wir hier die Beweise — durch einen Stuhlzins an dieser gewerblichen Produktion besonders interessiert waren, galten die Nachforschungen ihrer Beauftragten vor allem der Eintreibung dieser Gebühren und stellten kein Zugeständnis an die Städte dar. Vgl. dazu *Berlet, Erich*, Geschichte der Stadt Glauchau, Bd. I, 1931, S. 119, sowie *Seydel, Paul*, Geschichte des Rittergutes und Dorfes Limbach. (Sa.), 1908, S. 41ff.

255 A. a. O., S. 216; vgl. auch *Lütge, Friedrich*, Die mitteldeutsche Grundherrschaft, a. a. O., S. 69, mit Literatur.

256 Loc. 8746, fol. 122, Antwort auf Beschwerde vom Januar des gleichen Jahres. Auch im folgenden Jahr berichtet er, daß ein von der Stadt beanstandeter Dorfweber seit langer Zeit unangefochten webe, sogar für den Markt (ebenda, fol. 124).

257 Ebenda, fol. 113.

258 Erwähnt im Schreiben der Leineweberinnungen von Chemnitz, Geithain, Hainichen, Zschopau, Oederan und Frankenberg von ca. 1528, Dorfweber und Garnhandel betr. (ebenda, fol. 114); im folgenden Jahr berichtet A. v. Einsiedel selbst, als Ergebnis einer Untersuchung, daß in seinen Dörfern — mit einer Ausnahme, dort hat er die Produktion verboten — die Ausübung des Leinenhandwerks rechtmäßig sei (ebenda, fol. 128). H. v. Einsiedel zu Gnandstein — in der Prozeßführung besonders eifrig — führte jahrelang Briefwechsel und Prozesse um Dorfhandwerker; die Akten des Burgarchivs Gnandstein sind daher für die Methoden der Auseinandersetzung und für die Argumentation der Parteien und den Wechsel in der Argumentation sehr aufschlußreich. Dieses Gnandsteiner Material ist z. T. früher bereits in einem Aufsatz verwertet worden von *Krebs, Kurt*, a. a. O., S. 553.

nitzern, der Abt habe den Bewohnern versprochen, ihre alten Rechte zu erhalten.[259] Im Jahre 1529 bestätigt — mit gewissen Einschränkungen — G. v. Zaschwitz dem Landesherrn auf dessen Nachfrage die Existenz von Webern in seinen Dörfern.[260] Er bittet dringend, ihn nicht in der Wahrnehmung der Rechte seines Vaters zu beeinträchtigen. Auch Ritter W. v. Ende weiß von alten Rechten zu berichten und fügt den Hinweis hinzu, daß eines seiner Dörfer früher landesherrlich gewesen und somit zur Haltung von Handwerkern berechtigt sei.[261] Über die Weber in seinem Dorfe Rossau erklärt H. v. Honsberg, deren Produktion sei nicht für den Markt bestimmt und verstoße somit auch nicht gegen die Landesordnung. Mit der Bitte um Schutz gegen die durch die Städte drohende Beeinträchtigung alter Rechte seiner Untertanen verbindet er den Hinweis, daß es sich wohl nur um kleinliche Nörgelei der Innung von Frankenberg und Hainichen handeln könne, denn Mittweida, dem Rossau viel näher gelegen sei, habe bisher noch keinen Anlaß zu Beschwerden gesehen.[262] Auch der Abt von Chemnitz, der im allgemeinen mit Äußerungen über die Handwerker in seinen Dörfern sehr zurückhaltend war, bittet (allerdings nach einem erfolgten Einfall der Chemnitzer), ihn bei seinen alten Rechten zu belassen.[263] Siebzig Jahre später spricht der Dorfherr von Groß-hartmannsdorf, Joseph Alnpeck, Bürger zu Freiberg, von der längst verjährten Gepflogenheit der Dorfweberei und führt seinerseits Klage, daß einem seiner Untertanen in Freiberg Leinwand beschlagnahmt worden sei, obwohl dafür die Bleichgebühr bereits bezahlt war.[264]

Schon Görlitz[265] hat darauf aufmerksam gemacht, daß die Landesordnung von 1482 sehr selten in den Quellen des beginnenden 16. Jh. erscheint oder genannt wird. In der Kampfführung der Städte spielte sie noch eine gewisse Rolle; der Adel und die Dorfweber dagegen haben sich ihrer nur selten und mit Vorsicht bedient. 1529 macht A. v. Einsiedel den Landesherrn darauf aufmerksam[266], daß

---

[259] Loc. 8746, fol. 93f.

[260] Ebenda, fol. 123.

[261] Ebenda, fol. 69f.

[262] Ebenda, fol. 234 (1537) und fol. 246 (1538); es ist daran zu erinnern, daß Rossau einer der Orte ist, die mir als selbständige Verfechter ihrer Rechte begegneten (vgl. oben Anm. 251). Der Ort hatte nach Angabe der Weber 60, nach Angabe des Ortsherren 40 Wirte. Nach dem Amtserbbuch von 1548 gab es 48 Hufner, 16 Häusler und 4 Gärtner; das Landsteuerregister Nr. 350 von 1551 nennt dazu 114 Inwohner. Die höchste mir bekannt gewordene Zahl von Webern betrug 9 (1528 und 1529); zu vergleichen ist auch Schumann-Schiffner, Vollständiges Staats-, Post- und Zeitungslexicon von Sachsen, Bd. 7, 1816, S. 311, wo Spinner und Weber erwähnt werden und vor dem Ort der Weberbach genannt wird.

[263] CDS II, 6, Nr. 300 undatiert (saec. XV ex.); es besteht offenbar ein Zusammenhang mit dem Schreiben von 1502, Juli 26 (ebenda, Nr. 439) wo der Abt sich über die Gefangensetzung eines seiner Dorfschneider durch die Chemnitzer beklagt.

[264] Coll. Schmid, Amt Freiberg, Vol. VI, Nr. 61 (1571).

[265] A. a. O., S. 211.

[266] Loc. 8746, fol. 128f.

die Orte, in denen er Leineweber von jeher hält, nämlich Weissbach, Gross-Olbersdorf, Griessbach und Dittersbach[267], nicht innerhalb der Viertelmeile lägen, deren Produktion also mit den Bestimmungen der Landesordnung zu vereinbaren sei. Wenige Jahre später (1532) zitiert W. v. Ende die Landesordnung, die für große Orte zwei, für kleine einen Weber genehmige.[268] Ob er sich seines Irrtums bewußt war, läßt sich nicht nachprüfen, denn sogar aus landesherrlicher Feder stammen solche Irrtümer[269]; immerhin besaß die Verordnung, die er im Auge hatte, seit Anfang des Jahrhunderts Rechtskraft. Wieder anders lautete die Argumentation, die der gleiche Adlige 1527 vorgebracht[270] hatte: In einem — mir nicht bekanntgewordenen — Schreiben hatten die Chemnitzer behauptet, sein Vater hätte gesagt, „das er alleyne die vor störer achtet, die do under im nicht eigens hätten und den besessenen leuthen nicht vormeindt schuldig zu sein handtwergk zu treiben zu wegern . . .“.[271] Die vom Landesherrn an ihn gerichtete Forderung, die Rechtmäßigkeit der entgegen der Landesordnung vorhandenen Weber zu beweisen, nimmt er zur Kenntnis und teilt mit, daß es überall altes Recht sei. Der Brief schließt mit der Bitte, seine Leute bei ihrem alten Herkommen, der alten Übung und Gewohnheit zu belassen.

Bei so wenigen positiven Berufungen auf die Landesordnung ist es nicht verwunderlich, daß mir nur ein ganz eindeutiger Fall bekannt geworden ist, wo die Landesordnung nicht nur angefochten, sondern einfach abgelehnt wurde. G. v. Harras wollte sie nicht anerkennen.[272] Er hatte auch allen Grund dazu, denn vier seiner Orte, Merzdorf, Gunnersdorf, Lichtenau und Ortelsdorf (zum Teil mit beträchtlicher Dorfweberei) lagen in der Viertelmeile von Frankenberg, und Dorfweber waren somit — welche Verordnung man auch heranzog — nicht zugelassen. Ein weiterer Fall liegt wesentlich später und betrifft Untertanen des Amtes Lauterstein. Der Amtmann berichtet[273], daß die Durchsetzung der Landesordnung (in diesem Falle der von 1555) nicht einmal mit Hilfe eines seiner Landsknechte von den Städten erreicht werden konnte. Er mußte persönlich eingreifen und die beschlagnahmten Waren ins Amt führen.

Es war einer der oft wiederkehrenden Klagepunkte der Städte[274], daß eine wirksame Bestrafung der Dorfweber nicht erfolge. Unter den vielen Schreiben von

---

267 Alle um Zschopau und in der Meile dieser Stadt gelegen.

268 Loc. 8746, fol. 172.

269 Vgl. *Görlitz, Woldemar*, a. a. O., S. 212 Anm. 1.

270 Loc. 8746, fol. 69f.

271 Das gleiche Argument taucht an anderer Stelle, aber im gleichen Zusammenhang, nochmals auf, als Herzog Georg an die vom Ende zu Roßberg, Georg v. Harras und an Frau v. Auerswalde schreibt (1527, Sept. 15, vgl. Acta die Handwercks Stohrer aufn Lande betr. ab anno 1470, Stadtarchiv Karl-Marx-Stadt, Cap. IX Litt. Aa Nr. 1).

272 Loc. 8746, fol. 118 (ca. 1528), Beschwerde der Innung über den Abt von Chemnitz, sowie die Herren von Auerswalde und Lichtenwalde.

273 Coll. Schmid; Amt Lauterstein, Vol. III, Nr. 41 (1594).

274 Görlitz, Woldemar a. a. O., S. 219; Loc. 8746, fol. 51 u. fol. 114.

Adligen habe ich nur zwei gefunden, in denen eine Bestrafung erwähnt wird, wenn man Produktionsverbote in einigen Orten[275] nicht als Strafe rechnet. Der Propst von Zschillen ist der einzige, der die Gefangensetzung und Bestrafung eines Dorfwebers meldet, der gegen die Bestimmung verstoßen hat.[276] Die von ihm geäußerte Bereitschaft zur Nachprüfung auch weiterer Beschwerden der Städte teilt er allerdings mit anderen Adligen. Die Herren von Lauterstein dagegen begnügen sich mit dem Versprechen, alle Produzenten von Kaufarbeit (Marktproduktion) hart zu bestrafen.[277]

Auch eine weitere, von den Städten immer wieder erhobene Forderung wird vom Adel sehr selten beachtet. Es sollte keine „schmale“ Leinwand hergestellt werden.[278] Man wollte, wenn man schon die Landproduktion nicht völlig beseitigen konnte, wenigstens nur solche Sorten zulassen, die den Weg in die städtischen Bleichen antreten mußten und auf diese Weise noch in den Kontrollbereich der städtischen Wirtschaft gelangten. Es wird nicht recht klar, wie die Zünfte zu der Auffassung kamen, daß ländliche *breite* Leinwand zur städtischen Bleiche gebracht würde; denn es war ja ein seit vielen Jahren geäußerter Mißstand, daß auf den Dörfern auch selbständig gebleicht wurde.[279] Immerhin befleißigte sich[280] im Jahre 1530 der Pfarrer von Mittweida, als Dorfherr von Kockisch und Rössgen[281], darzulegen, daß in seinen Dörfern weder Handlung noch Marktproduktion betrieben, also auch keine schmale Leinwand hergestellt würde. Ein Jahr zuvor hatten — ziemlich gleichzeitig — der Propst von Zschillen[282] und G. v. Zaschwitz[283] erklärt, daß sie die Produktion solcher schmaler Leinwand durch ihre Dorfweber verhindern würden. Der Pfarrer von Mittweida greift übrigens hier zu dem gleichem Argument wie später die Dorfweber von Rossau und ihr Ortsherr.[284] Er erklärt nämlich, den Zünften entstünde gar kein Schaden, da die Dorfbewohner ohnehin nicht in der Lage wären, die teuren Erzeugnisse der Stadt einzukaufen.

---

[275] A. v. Einsiedel verbietet (1529) den Leinewebern von Hohndorf (südlich Zschopau) die Produktion (ebenda, fol. 128f.); W. v. Ende teilt mit (1532), daß er einem der beiden Weber in Frankenstein die Produktion verboten habe, obwohl es sich um ein großes Dorf handele (ebenda, fol. 172).

[276] Ebenda, fol. 130 (1529).

[277] Ebenda, fol. 127.

[278] Das Verbot entsprach der Landesordnung; eine Änderung ist nie erfolgt.

[279] Man muß hier unterscheiden zwischen der ländlichen Leinewand, die die Produzenten für den eigenen Bedarf webten und auch selbst bleichten, und den von Aufkäufern auf dem Lande gesammelten Mengen. Letztere wollte man auf diese Art in die städtischen Bleichen zwingen. Das hierher gehörige Material ist sehr wenig ergiebig, da Aufzeichnungen nur bei Beschlagnahme und Bestrafungerfolgten.

[280] Vgl. Loc. 8746, fol. 139, 141.

[281] Die Herrschaftsverhältnisse im einzelnen habe ich nicht untersucht, beide Orte waren 1551 und 1606 Ratsdörfer von Mittweida (HOV, S. 252, 257) und lagen zweifellos in der Viertelmeile.

[282] Loc. 8746, fol. 130.

[283] Ebenda, fol. 123.

[284] Ebenda, fol. 96.

Ein besonderes Ablenkungsmanöver ist in dem Schreiben der Herren von Lauterstein[285] enthalten. Sie teilen nämlich mit, daß der „liebe freundliche Nachbar", Caspar v. Schönberg zu Porschenstein, auf seinen Dörfern und Gütern Leineweber halte, mehr noch als sie selbst, und alle arbeiten für den Markt. Doch ebenso wie ihre eigenen Dörfer, lägen auch die Schönbergs außerhalb jeder Bannmeile. Nun ist das Gebiet C. v. Schönbergs tatsächlich mit Leinewebern besonders zahlreich versehen; allerdings war das ein schlechtes Argument, denn man konnte weniger Weber haben als Schönberg und sich trotzdem oberhalb der Grenze bewegen, die gesetzliche Bestimmung und altes Recht bezeichneten. Die Dörfer im Herrschaftsbereich Porschenstein haben z. T. 10 bis 20 Weber gehabt. Da C. v. Schönberg nur in allgemeinen Beschwerden genannt wird und sich im übrigen um die Städte überhaupt nicht kümmerte, konnte es ihm gleichgültig sein, daß sein Nachbar sich auf ihn berief. Dieser hatte aber das Entscheidende erreicht: Ablenkung und Verzögerung.

Eine sehr bezeichnende Abfuhr erteilte auch der Herr von Penig den Leinewebern von Chemnitz, als er sie fragte[286], was es der Stadt nütze, wenn er (durch Beachtung der Landesordnung und der städtischen Beschwerden) seine Dörfer wüst mache und die Weber bei den anderen Adligen Aufnahme finden würden.

In den bisher gebotenen Belegen erschien das Land als der durchaus passive Teilnehmer dieses Kampfes. Man ließ ganz offensichtlich alles an sich herankommen und baute auf die eigene Stärke und auch darauf, daß eine wirksame Kontrolle des tatsächlichen Umfangs der Landproduktion durch die Stadt gar nicht durchführbar war. Es klingt jedoch in einigen Äußerungen auch eine gewisse Aktivität an. Der taktisch wohl klügste Zug des Adels war der Wink mit dem fiskalischen Vorteil des Landesherrn. So drücken die Herren von Lauterstein dem Landesherrn ihr Bedauern aus, daß die Landproduktion ihm Schaden zufüge. Sie machen ihn aber sehr nachdrücklich darauf aufmerksam, daß er ja nicht nur durch die städtische Produktion und Bleiche, sondern auch vom platten Land eine Reihe von Einkünften erhalte. Ohne Dorfweberei seien aber die Dörfer gar nicht lebensfähig, und nur, wenn das „Gebirge" gut besetzt bleibe, seien dem Landesherrn Zehnt und Gefolge, dem Adel aber seine ersprießliche Nahrung gesichert.[287] Aus einer sehr viel späteren Zeit erklingen ähnliche Töne, sogar aus den Dörfern des Amtes Lauterstein.[288] Schon bei Nachprüfung der Beschwerden der Städte und der dabei erfolgten Beschlagnahme von Leinwand hatte der Amtmann mitgeteilt, daß die ländlichen Leinenproduzenten durch Weberei ihre Leistungsfähigkeit gegenüber dem Amt sicherten. Nur wenige Wochen später kam deren Reaktion. In einer Beschwerde über die Gewaltmaßnahmen — alle „krehme" waren durchsucht worden — erklären sie, die beschlagnahmten Waren hätten zur Zahlung der

---

[285] Ebenda, fol. 113.

[286] Loc. 9832, Acta die Handwerker und Innungen bei der Stadt Chemnitz (1506—1531), fol. 12.

[287] Loc. 8746, fol. 126.

[288] Coll. Schmid, Amt Lauterstein. Vol. III, Nr. 41.

Zinsen und Abgaben dienen sollen. Zu dieser Behauptung oder Tatsache der Sicherung von landesherrlichen Einnahmen durch gewerbliche Produktion, einer ja nur indirekt von der Dorfproduktion herrührenden Einnahme, gesellt sich die Erwähnung einer Sonderabgabe für Leinenproduktion.[289] Die Innung von Frankenberg behauptet, G. v. Harras zu Lichtenwalde erhalte von seinen Webern solche Abgaben, und zwar „... davon dan ein itzlicher seinem Herren jerlichen zcinst 7 Groschen damit sie gesstergkt werden und sich mehren".[290] Harras antwortet[291] und betont, daß Leineweber seit jeher in den Dörfern ohne Beanstandung der Stadt gearbeitet hätten und er von ihnen den *Erbzins* erhalte. Es wird aus der Beschwerde nicht ganz klar, ob diese Abgabe in allen fünf Dörfern des Harras oder nur in dem zuletzt genannten Nieder-Lichtenau üblich sein soll. In Nieder-Lichtenau sind nämlich Hausgenossen als Weber nachzuweisen, die ja gar keinen Erbzins leisten, sondern Hauptgeld entrichten. Es ist also möglich, daß mit diesen 7 Groschen, die Harras als Erbzins bezeichnet, tatsächlich ein Stuhlgeld gemeint ist. Das Erbregister von 1514 mit Zusätzen von 1527[292] verzeichnet keine solche Angabe, sondern nur Flachs als Feudalleistung. Eine Entscheidung ist also nicht möglich, doch offenbart dieser Streit, daß die Städte hier die Gemeinsamkeit der Feudalherren und der Produzenten erkannt haben und auch auf den (zumindest möglichen) materiellen Vorteil des Adels anspielen.

Noch aufschlußreicher ist allerdings das Angebot der Herren von Lauterstein[293], dem Landesherrn von der Landproduktion (rohes und geschnittenes Garn, sowie Leinwand) den landesüblichen Betrag, den er sonst von den städtischen Produzenten erhalten hätte und um den er ja geschädigt würde, zu entrichten. Im übrigen solle dann jeder nach seiner „alten hergebrachten gewere" leben. Dies Angebot ist in hohem Maße bemerkenswert. Da mir weitere Stellen aus so früher Zeit nicht begegnet sind, halte ich das Ganze für eine einmalige Erörterung. Vielleicht stellt das Angebot nur eine rethorische Wendung dar[294]; die Annahme desselben durch den Landesherrn hätte beträchtliche Folgen haben müssen. Er hätte seinen alten Rechtsstandpunkt verlassen müssen; die juristischen Schranken zwischen Stadt und Land wären gefallen oder doch teilweise abgebaut worden, und zwar zugunsten der Landweber. Diese hätten zwar fortan einen Stuhlzins zu zahlen gehabt, aber den Vorteil ungestörter gewerblicher Produktion gewonnen. Das Stadt-Land-Verhältnis wäre in eine ganz neue Phase getreten.

Damit beschließen wir die Darlegungen über die Position der Vertreter des Landes in der Streitfrage der Leinenproduktion. Ohne den weiteren Betrachtungen vorzugreifen, lassen sich folgende Feststellungen treffen:

289 Der Ausdruck „Stuhlzins" wird nicht gebraucht.
290 Loc. 8746, fol. 86b; vgl. Regest Nr. 17.
291 Ebenda, fol. 122.
292 Loc. 37993, Zinsregister Lichtenwalde.
293 Loc. 8746, fol. 113.
294 Mit diesem Angebot stellten sich allerdings die Lautersteiner Herren selbst bloß, denn von einer lokal begrenzten Produktion war der Stuhlzins für den Landesherrn uninteressant, von einer wirklich privilegierten aber wäre er nicht angeboten worden.

1. Der Adel schützt und fördert die Landproduktion.
2. Adel und Dorfproduzenten haben in bezug auf die Leinenproduktion in der ersten Hälfte des 16. Jh. ähnliche, teilweise sogar gleichgerichtete Interessen.
3. Das Verbot der Landproduktion hat zu einer Verschleierung ihres tatsächlichen Umfanges geführt, weil die interessierten Adligen in vielen Fällen ihr Ausmaß oder ihre Existenz überhaupt bestreiten.

In dem hier behandelten Zeitraum greift der Landesherr in verschiedener Weise in die Streitigkeiten zwischen Stadt und Land ein. Diese Streitigkeiten gehen nicht nur um die ländliche Produktion von Leinen, sondern vor allem um das Brau- und Schankrecht, aber auch um andere Handwerker.[295] Anweisungen zur Prüfung und Abstellung von Beschwerden an die Amtleute und Geleitsmänner[296], sowie allgemeine Mahnungen an die ihm von der Stadt namhaft gemachten Adligen oder Dorfherren[297], oft auch mit der Androhung von Strafen verbunden[298], drücken seine grundsätzliche Bereitschaft aus, den von ihm erlassenen Bestimmungen zur Anerkennung zu verhelfen. Ein sehr beliebter Weg, gewissermaßen der des geringsten Widerstandes, wenn auch sicher nicht der geringsten Mühe, war der Vergleich.[299] Auf diese Weise versuchte der Landesherr zumeist den Prozeßweg zu vermeiden, um nicht zu einer Fixierung von rechtswegen gezwungen zu werden. Er hätte sich ja dort zwischen Landesordnung und den entgegenstehenden Privilegien entscheiden müssen. Der Vergleich dagegen bot immer die Gelegenheit, den gegenwärtigen Interessen der Parteien und insbesondere den eigenen Rechnung zu tragen[300], denn es kann kein Zweifel darüber bestehen, daß eine prozessuale Entscheidung in einer größeren Streitsache[301] sofort den stärksten Widerhall — positiv wie negativ — bei allen Interessierten und daher indirekt auch Betroffenen hätte finden müssen. Bei einem Vergleich mochte jeder noch glauben, gut

---

[295] Darüber berichtet *Görlitz, Woldemar*, a. a. O., S. 211f.

[296] So 1520 an Geleitsmann von Chemnitz (Coll. Schmid, Amt Chemnitz. Vol. IV, Nr. 79); 1537 an die Amtleute ostsächsischer Ämter (Loc. 8746, fol. 229).

[297] z. B. 1533; Konzept eines landesherrlichen Verbots der Landproduktion mit der Absicht, die privilegierte Stellung der Zünfte zu sichern (ebenda, fol. 159).

[298] 1538, schreibt Herzog Georg an den Abt zu Zelle und andere „vom Adel", er sähe sich, falls nicht endlich die Dorfweber beseitigt würden, zu empfindlichen Strafen veranlaßt (ebenda, fol. 249f.).

[299] Der wohl bezeichnendste Fall eines Vergleichs ist die Verhandlung Friedrichs v. Schönberg als landesherrlicher Kommissar und Hans v. Haugwitz als Amtmann mit den Leinewebern in den Dörfern des Amts Schellenberg (vgl. *Görlitz, Woldemar*, a. a. O., S. 223). Das Ergebnis war die Fixierung der für jedes Dorf zugelassenen Zahl von Webern, die in Cop. 92, fol. 143f., und Loc. 8746, fol. 63f. erhalten sind (vgl. den Abdruck bei Helbig, Herbert, a. a. O., Bd. IV., S. 25ff., Nr. 298). Die Verhandlungen zogen sich vom Spätsommer 1528 bis Februar 1529 hin. Die größten Schwierigkeiten machten die Differenzen zwischen Landesordnung und Einzelprivilegien. Dieser Vergleich wurde im nächsten Jahr (März 30) auf die Dörfer des Abts von Chemnitz ausgedehnt (ebenda, fol. 130).

[300] *Görlitz, Woldemar*, a. a. O., S. 222.

[301] Über Prozesse in kleineren Angelegenheiten vgl. ebenda, S. 221, Anm. 3.

weggekommen zu sein, und im übrigen war die Wirksamkeit der Vergleiche — obwohl sie als landesherrliche Verordnung galten[302] — meist nicht von langer Dauer.

Wenn trotz aller Mahnungen und Vergleiche die Rechte der Stadt nicht geachtet wurden, so war nach der Auffassung des Landesherrn eine Aktion gegen die betreffenden Dorfproduzenten durchaus angängig. Er forderte allerdings, daß sie mit Wissen und Teilnahme seiner lokalen Organe erfolgten.[303] Gegenüber den Beschwerden des Adels hat er solche Maßnahmen dann zumeist gutgeheißen.[304] Man hat allerdings den Eindruck, daß manche Amtleute in dieser Hinsicht konsequenter, um nicht zu sagen forscher, vorgegangen sind, als dem Landesherrn lieb war. Das wird z. T. — soweit sie bürgerlicher Herkunft waren — ihrer städtefreundlichen Einstellung entsprochen haben und bewußt gegen den Adel gerichtet gewesen sein, mit dem die Amtleute ja vielerlei Reibungspunkte hatten.[305] Auch war der Landesherr dem Tatort fern; er konnte die Dinge nur schriftlich betreiben. Der Amtmann aber saß mitten unter den kampfführenden Parteien und war an möglichst schneller und präziser Entscheidung interessiert, die dann allerdings häufig recht geräuschvoll ausfiel.

Es ist mir nur einmal begegnet, daß der Landesherr ein grundsätzliches Verbot der Landproduktion ausgesprochen hat. Er schreibt (1529, Juli 29)[306] an 8 Adlige, sowie die Äbte von Chemnitz und Zelle[307] und an den Amtmann von Rochlitz in sehr scharfem Tone und fordert die Abschaffung der Dorfweber. Das Schreiben enthält den bemerkenswerten Passus „dich auch weyter nicht behilfst ob der leineweber eyner oder meher weyter denn eyne meyle von eyner unser stedte gesessen ist“.[308] Damit wird die Landweberei also nicht nur innerhalb bestimmter

[302] Ebenda, S. 222 mit Anm. 5.

[303] Hier ist auf das bereits bei den Städten Gesagte zu verweisen. Wenn Georg (wie schon *Görlitz, Woldemar*, a. a. O., S. 220 Anm. 11 berichtet) im Jahre 1528 den Städten das Recht erteilte, die zweifellos in der Meile gefertigte Leinwand zu beschlagnahmen und die Hilfe der Amtleute in Aussicht stellt (Loc. 8746, fol. 103), so ist das m. E. die Reaktion auf eine besonders scharfe Mahnung der Weber zu Zschopau, Oederan, Frankenberg, Hainichen (und wahrscheinlich Chemnitz), in der sogar die Beschlagnahme aller Werkzeuge, Rohstoffe und Waren der Dorfweber gefordert worden war (ebenda, fol. 102). Vgl. auch den (CDS II., Bd. 15, UB Grimma, Nr. 463 gedruckten) Vergleich Kurfürst Friedrichs zwischen Grimma (das 1485 ernestinisch wurde) und dem Kloster Nimbschen sowie einigen Feudalherren der Umgebung (1514).

[304] z. B. gegen Ossa (Loc. 8746, fol. 169).

[305] Es begegnen auch Klagen, daß die Amtleute nicht strafen und auch sonst mit Adel und Dorfwebern (wohl meist durch Nachlässigkeit indirekt) gemeinsame Sache machen (ebenda, fol. 114); vgl. Görlitz Woldemar, a.a.O., S. 219 mit Anm. 3.

[306] Loc. 8746, fol. 107.

[307] Ebenda, fol. 125 steht ein Konzept dieses Schreibens, welches die Aufschrift ‚An Abt zu Zelle‘ und den Dorsalvermerk ‚An die von Berbisdorf‘ trägt. Da der Abt von Zelle (ähnlich seinem Amtsbruder in Chemnitz) sich durch bes. hartnäckiges Schweigen gegenüber Beschwerden der Leineweber auszeichnete, liegt die Vermutung nahe, daß zuerst er alleine erscheinen sollte, dann aber doch eine ganze Gruppe geladen wurde.

[308] Vgl. dazu auch *Görlitz, Woldemar*, a. a. O., S. 212 Anm. 2.

Grenzen, sondern generell verboten. Doch schon die nächsten Zeilen schwächen dieses Verbot wieder ab, denn zur Klärung etwa vorliegender Sonderrechte werden die Empfänger des Schreibens zum 11. Oktober nach Dresden befohlen, um dort endgültig zu verhandeln.[309]

Wenn die Städte geglaubt hatten, daß dort endlich die ihren Interessen und Forderungen entsprechende Regelung erfolgen würde, so hatten sie sich gründlich geirrt. Zwischen einem energischen und scheinbar zu allem entschlossenen Schreiben an die verschiedenen Adligen und einer darauf bauenden Verhandlung mit allen Geladenen war ein sehr großer Unterschied. Das beweist der Abschied[310] vom 11. Oktober, in welchem den Städten, die an den Verhandlungen wahrscheinlich gar nicht teilgenommen hatten, mitgeteilt wird, sie sollten sich gegen jedermann freundlich verhalten und bei auftauchenden Verletzungen der Landesordnung dem Landesherrn oder dem Amtmann Bescheid geben. Es würde dann nach Billigkeit entschieden werden. So erweist sich der einzige Fall, in dem der Landesherr überhaupt einmal, und auch dann noch mit Einschränkung, ein Produktionsverbot für das platte Land ausgesprochen hatte, als eine Enttäuschung für die Stadt; denn es kann kein Zweifel sein, daß sich an dem Zustand überhaupt nichts geändert hat.

Betrachten wir die Formen, in denen der Landesherr in den Kampf zwischen Stadt und Land eingriff, so können wir abschließend feststellen, daß er, wie immer man seine politische Konzeption bei näherer Untersuchung wird beurteilen müssen, durch seine Verfahrensweise den Interessen des Adels objektiv mehr diente, als denen der Stadt. Schon die Tatsache, daß der Landesherr keine Neuformulierung einer Landesordnung erwirken konnte bzw. wollte, kam dem Adel zugute. Überall tritt im Mittelalter das Bürgertum mit der Forderung nach schriftlicher Fixierung der Rechtsnormen hervor. Wo solche fehlten oder die bestehenden als veraltet abgetan und vom Landesherrn nicht bestätigt wurden, wo der Grundsatz des feudalen Gewohnheitsrechts in der Form der Verjährung Geltung besaß, fiel dem städtischen Bürgertum die Kontrolle der örtlichen Gewohnheiten zu. Die Bereitschaft des Bürgertums, Zugeständnisse zu machen, wenn nur eine eindeutige Rechtslage geschaffen wurde, tritt am deutlichsten zu Tage, wenn man den Landesordnungsentwurf des Jahres 1530 betrachtet[311], in welchem außerhalb der Viertelmeile Leineweber ohne Beschränkung der Zahl gestattet werden sollten. Da dieser Entwurf keine Rechtskraft erlangte, ging der Kampf weiter, doch darf man ein soweit gehendes Zugeständnis des Bürgertums auch als Beweis für die nicht zu übersehende Stärke der Landproduktion ansehen. Görlitz hat ganz klar aus-

---

309 Zwischen dem Datum der Ausfertigung und dem Tage der Versammlung in Dresden (also in etwas mehr als 2 Monaten) gingen eine Reihe von Erklärungen beim Landesherrn ein. Der energische Ton hatte also zunächst seine Wirkung getan.

310 Sein Inhalt steht auf einem kleinen Zettel (Loc. 8746, hinter fol. 107) und ein von gleicher Hand geschriebener, gleichlautender Zettel (ebenda, fol. 122) trägt den Vermerk: „Abschied der Leineweber geben als die vom Adel hiergewest“.

311 *Görlitz, Woldemar*, a. a. O., S. 227.

gesprochen[312], daß es für die Städte gänzlich unmöglich war, im gesamten ländlichen Bereich eine Kontrolle der örtlichen Verhältnisse und ihrer Rechtmäßigkeit durchzuführen. Damit entstand gewissermaßen täglich von neuem „Verjährung", wurde immer von neuem die solche Verjährung schützende Einstellung des Landesherrn eine Handlung gegen die Stadt, weil sie eine Unterlassung zugunsten des Landes war.

Hierin liegt die Bedeutung der Prozesse und Vergleiche mit ihren Zeugenaussagen über die Langjährigkeit bestehender Verhältnisse. Hier hat man aber auch die Bedeutung der Tatsache zu bemerken, daß der Landesherr und der Adel mit dem Grundsatz der Verjährung auch die Interessen der ländlichen Bevölkerung vertraten, in erster Linie der gewerblichen Produzenten, mittelbar aber der gesamten Landbevölkerung.

c) Der Verlauf des Kampfes

Die in Tabelle XIV gebotene Übersicht bezeichnet die Jahre, in denen der Kampf zwischen Stadt und Land zu einer Fixierung der in den Dörfern festgestellten Verhältnisse geführt hat. Im einzelnen ist diese Aufstellung also „zufällig", weil sie etwa verlorengegangene Beschwerden nicht berücksichtigt und weil sie keinen Eindruck von den „stummen" Jahren vermittelt, in denen der Kampf in anderen Formen geführt worden ist. In dem folgenden Abschnitt soll nun unter Berücksichtigung eines erweiterten Quellenmaterials und der allgemeinen Verhältnisse des Territoriums der Verlauf des Kampfes dargestellt werden. Man kann dabei zwischen 1482 und 1555 drei Etappen unterscheiden, deren erste bis zum Bauernkrieg geht, deren zweite von 1526 bis etwa 1540 anzusetzen ist und schließlich als letzte die Zeit bis 1555.

Nachdem noch im Jahre der Landesordnung von 1482 das erste auf sie bezogene lokale Verbot ländlicher Leinenproduktion ergangen war[313], tritt uns die Stadt Chemnitz mit einer sehr detaillierten Beschwerde entgegen[314], die über die Verhältnisse in 44 Dörfern ihrer Umgebung berichtet. Im Jahre 1500 beschwert sich Oederan in ähnlicher Weise.[315] Mit diesen beiden Beschwerden erhalten wir nicht nur den ersten, sondern zugleich einen sehr eingehenden Eindruck von den Verhältnissen, vor allem auch in mittleren und großen Dörfern. Im Jahre 1506 reich-

---

[312] Ebenda, S. 218.

[313] Es handelt sich um die erste mir bekannt gewordene gedruckte Stellungsnahme zur Landesordnung von 1482; die Kurfürstin-Witwe Margarete beauftragt den Amtmann von Grimma, darauf zu achten, daß auf dem Lande, der Stadt zum Schaden, kein Handwerk getrieben würde und sieht Strafen im Falle der Mißachtung der Landesordnung vor (CDS II, 15, Nr. 145). Margarete war auch sonst mehrfach zum Eingreifen gezwungen, so im Jahre 1473, wie bei *Patze, Hans*, a. a. O., Quellenanhang S. 236, Altenburg Nr. 47 und Nr. 48 nachzulesen ist.

[314] Vgl. Regest 5; diese Beschwerde, die mir durch Hinweis von *Görlitz, Woldemar*, a. a. O., S. 221 Anm. 1, bekannt wurde, erwies sich für den Gang der Nachforschungen als sehr wichtig, da sie eine große Anzahl von Orten enthielt, die weiter verfolgt werden konnten.

[315] Vgl. Regest Nr. 6.

Tabelle XIV. Aufstellung der mit Detailangaben versehenen städtischen Dorfweberbeschwerden

Jahr	Beschwerdeführer	Zahl der Beschwerden	Insges. Orte	DW	Dörfer Gruppe A mit 1 DW	Dörfer Gruppe A mit 2 DW	DW in Gruppe A insgesamt	Dörfer der Gruppe B mit 3—7 DW	DW in Gruppe B insgesamt	Dörfer der Gruppe C mit 8 und mehr DW	DW in Gruppe C insgesamt
1487	Chemnitz	1	44	159	17	15	47	7	26	5	86
1500	Oederan	1	36	182	1	2	5	17	83	6	94
1514	Altenburg	1	15	15	15	—	15	—	—	—	—
1515	Rochlitz	1	20	33	11	8	25	2	8	—	—
1518	Chemnitz Rochlitz (u. andere)	2	43	98	20	11	42	10	38	2	18
1528	Zschopau[1] Frankenberg Hainichen Oederan	6	64	267	20	11	42	23	97	10	128
1529	Chemnitz[2] Oedraen Zschopau	3	45	101	18	16	50	10	33	1	18
1533	Oederan	1	6	70	—	—	—	—	—	—	—
1534	Chemnitz Frankenberg Rochlitz Geithain Mittweida Hainichen Zschopau Oederan	1	79	270	29	20	69	20	69	10	132
1538	Hainichen Frankenberg	2	13	49	3	4	11	4	13	2	25
1540	Oederan[3]	1	26	176	6	2	10	10	52	8	114

[1] Weitere Beschwerdeführer anzunehmen, aber nicht genau festzustellen [2] Ergebnis langer Verhandlungen
[3] Weitere wenig detaillierte Beschwerden vorhanden

ten anläßlich eines Ständetages 9 meißnische Städte ihre Beschwerden über Landproduktion an den Landesherrn mit der Bitte um Abstellung ein. Eine entsprechende Verhandlung fand in Form eines Städtetages noch im gleichen Jahre statt. Es heißt in der Schrift: „wir werden auch gros beswert vonn den handwergsluten als smiden, schustern, sneidern, leinewebern, butnern, die die prelaten und die von adel bey sich auff yren hoven, sitzen und dorfern halten."
Diese, die nicht nur Handwerk, sondern auch „burgerhandel" treiben, „werden von yren herrn geschutzt und des gehandhabt, den stedten und yren inwonern, die alle burden und pflicht tragen, zu mergklichen vorterpnis". Dadurch entstehe ihnen großer Schaden und die Betreffenden sollen ihre vermeintlichen Sonderrechte vor dem Landesherrn beweisen.[316] Im übrigen ist das Material für die ersten Jahre des 16. Jh. fast stumm. Wir können allerdings indirekt die Existenz von Landwebern und die Spannungen zwischen diesen und den Städten erkennen. In den Jahren 1504 und 1512 wurden die Innungsprivilegien einiger Städte erneuert oder überhaupt erst bestätigt. Solche Bestätigungen sind Anzeichen für die Tendenz der Städte, ihre Vorrechte, die also in Gefahr waren, bzw. mißachtet wurden, gegenüber den Störern des Landes wieder zur Geltung zu bringen.[317]
Im Jahre 1514 wird ein Streit über Dorfweber um Grimma durch Schiedsspruch des ernestinischen Landesherrn beendet[318]; im gleichen Jahre legt dieser auch für Orte in der Umgebung von Altenburg die Zahl der Leineweber und die von ihnen zu verfertigenden Sorten fest.[319] In beiden Fällen handelt es sich allerdings schon um die Entscheidung von Streitigkeiten; die Beschwerden der Städte mit ge-

---

[316] *Görlitz, Woldemar*, a. a. O., S. 226 und S. 436 und Abdruck 8; jetzt auch *Helbig, Herbert*, a. a. O., II, Nr. 122. Vgl. Regest Nr. 6a.

[317] Burgstädt (vgl. Deutsches Städtebuch, hg. Keyser, E., II, S. 34), Lunzenau (ebenda, S. 143), Marienberg und Lengefeld (Erzgeb.), vgl. LHA Dresden, Coll. Schmid, Amt Lauterstein, Vol. III, Nr. 41. Für Chemnitz, Rochlitz, Mittweida, Geithain, Hainichen u. a. erfolgten Bestätigungen im Jahre 1504 (Loc. 8746, fol. 16ff.) und 1512 (ebenda, fol. 25ff.). Ganz im Einklang damit steht die Tatsache, daß im Jahre 1504 für die Dorfleineweber der Chemnitzer Gegend verordnet wird, daß in großen Dörfern zwei, in kleinen ein Weber arbeiten dürfen (*Görlitz, Woldemar*, a. a. O., S. 223 Anm. 1); damit ist die Position von 1472 (CDS II, 6, Nr. 233) wieder bezogen, was Görlitz entgangen ist. Eine Zusammenstellung der Zunftbestätigungen des 14.—16. Jahrhunderts findet sich bei *Heitz, Gerhard*, Chemnitzer Bleiche, a. a. O., S. 268ff.

[318] CDS II, 15, Nr. 463, vgl. Regest Nr. 7.

[319] Burgarchiv Gnandstein, 1514 Juni 11 (Regest Nr. 8): es heißt dort für 15 Orte, daß nur je ein Weber zugelassen sei, dieser darf Hausleinwand zu Tisch- und Handtücher fertigen, auch Bettücher, Hemden und Kittel. Schleier und kleine Leinwand (offenbar „schmale" für Färbereien) ist verboten. Vgl. Patze, a. a. O., S. 238, Quellenanhang Altenburg, Nr. 61 und Zeidler, W., a. a. O,, S. 20f. 1516 erfolgte dann auf Anweisung des Landesherrn die Ausmessung der Altenburger Bannmeile mit genauer Festlegung der auf den Dörfern zugelassenen Handwerker. Vgl. v. *Braun, E.*, a. a. O.,, S. 491, und zusammenfassend *Patze, Hans*, Recht und Verfassung, a. a. O., S. 84ff., sowie Quellenanhang Altenburg Nr. 62—64. Patze hat die sonst vielfach vernachlässigten oder übersehenen Streitigkeiten um gewerbliche Produktion des platten Landes ausführlich verzeichnet, so daß eine eingehende Bearbeitung jetzt möglich ist.

naueren Angaben kennen wir nicht. 1515 beschwert sich Rochlitz[320], womit möglicherweise das gleichzeitige Schreiben des Landesherrn an die Vertreter ostsächsischer Ämter, in dem die Einstellung der Landproduktion gefordert wird[321], in Zusammenhang zu bringen ist. Es scheint in dieser Zeit auch an Übergriffen der Städte nicht gefehlt zu haben. Jedenfalls bringt der Adel seine Empörung darüber in einer Beschwerde deutlich zum Ausdruck, die 1516 nach einem Landtag eingereicht wurde. Danach wurden „unnser underthanen angegriff und uberfallen, die unnsern geslagen, gefangen und das ihre genommen".[322] Wenig später ist Rochlitz bereits wieder aktiv, diesmal gemeinsam mit Chemnitz, als es sich darum handelt, die Klöster von Zschillen und Chemnitz wegen ihrer verbotenen Landproduktion beim Landesherrn zu verklagen (1517/18)[323], und im Jahre 1520 weist Herzog Georg den Geleitsmann von Chemnitz an, seine Kontrolltätigkeit ernsthafter auszuüben.[324] Die ständige Verschärfung des Kampfes kommt dann in dem Zeugnis zum Ausdruck, welches uns von dem gewaltsamen Einfall der Chemnitzer in die Klosterdörfer Jahnsdorf und Helbersdorf (1522) berichtet.[325]

Ein entscheidender Einschnitt auch in dieser Auseinandersetzung ist der Große Deutsche Bauernkrieg. In Sachsen spielen dabei vor allem die vogtländischen und erzgebirgischen Unruhen eine große Rolle.[326] Im ganzen aber ist bei den revolutionären Aktionen der Bauern und Bergleute vor allem die Angst der Landesherren und des Adels, nicht zuletzt auch die der Kirche vor einer Ausweitung des Aufstandes charakteristisch.[327] Von den uns durch Leinenproduktion bekannten Gegenden sind die Ämter Schellenberg, Wolkenstein und Annaberg am stärksten an der Bauernbewegung beteiligt gewesen, wie sich aus dem Bericht über 3000

---

[320] Vgl. Regest Nr. 9; dabei wird bemerkt, daß einige Dörfer in der Meile liegen.

[321] Loc. 8746, fol. 64; 1518 schärfte Georg dem Amtmann von Dresden dieses Verbot noch einmal besonders ein (ebenda, fol. 58f.).

[322] *Görlitz, Woldemar*, a. a. O., Beilage 9, S. 504. Genauere Hinweise über die Veranlassung solcher Einfälle fehlen leider.

[323] Vgl. Regesten Nr. 10, 11; dazu auch Loc. 8746, fol. 51f, und fol. 60f.

[324] Vgl. Regest Nr. 12.

[325] Vgl. Regest Nr. 13; dazu auch *Mating-Stammler, A.*, Stadt und Kloster Chemnitz bis zur Erwerbung durch die Wettiner. In: „Mitteilungen des Vereins für Chemnitzer Geschichte", Bd. IV (1884), S. 126ff. Von den zahlreichen gewaltsamen Aktionen gegen Kretzschmar in Bier- und Schankstreitigkeiten erwähne ich die (CDS II, 15, Nr. 478, abgedruckte) Beschwerde der Äbtissin von Nimbschen gegen den Rat von Grimma, 1523 Sept. 16.

[326] *Franz, Günther*, Der Deutsche Bauernkrieg. 1956, 4. Aufl., S. 271ff.

[327] Zum ganzen vgl. *Seidemann, W.*, Die Unruhen im Erzgebirge während des deutschen Bauernkrieges (Abhandlungen der bair. Akademie der Wiss., phil.-hist. Abtlg., X., Nr. 1); Der Bauernkrieg in Mitteldeutschland, Akten zur Geschichte des Bauernkriegs in Mitteldeutschland. 2. Bd., bearb. von Fuchs, W. P., 1942 (abgek. Fuchs mit Nr.). Schon im März 1525 erfolgte eine Aufforderung an die Untertanen, sich zum Aufgebot bereit zu halten (Fuchs Nr. 1161/2). Die Amtleute von 4 Ämtern, darunter Rochlitz, werden zur besonderen Beachtung von Zusammenrottungen ermahnt (ebenda, Nr. 1166a); im April erfolgte eine Aufforderung an den Adel, sich zu sofortigem Einsatz und gegenseitiger Hilfe bereit zu halten (ebenda, Nr. 1223), dem Amtmann Wolkenstein wurde die besondere Beobachtung der Bauern und Bergknappen eingeschärft (ebenda, Nr. 1542).

aufständische Bauern ergibt, die zwischen Stollberg und Zwickau versammelt waren, und, eine für Bauernaufstände typische Kampfesform[328], alle zur Teilnahme an ihrer Bewegung zwangen[329], während der Adel bereits flüchtig war. Auch die Chemnitzer Gegend ist unmittelbar beteiligt gewesen, denn in Rabenstein, Meinersdorf und Jahnsdorf (!) hatten sich die Bauern erhoben.[330] Die Unsicherheit der Lage erkennt man am besten daran, daß aus Annaberg und Schellenberg keine Hilfstruppen gestellt werden konnten, wie sie Georg verlangte.[331] Während die Bergknappen als Führer[332] der Aufständischen erscheinen oder doch mit ihnen sympathisieren, haben die Räte von Freiberg, Annaberg und Chemnitz nach einigem Zögern eine ablehnende und den Bauern feindliche Haltung eingenommen.[333] Von einem Zusammengehen der Städte mit den Bauern ist also nicht zu sprechen.[334] Das erklärt sich aus der inneren Lage in diesen Städten, aber auch aus ihrer Kampfstellung gegen die Landproduktion.

In den Bergstädten gingen Rat und Bürgerschaft vor den Forderungen des revolutionären Teils der Bergknappen ins Lager des Landesherren über. In Orten, wo es zur Zeit des Bauernkrieges offene soziale Kämpfe nicht gab, wie z. B. in Chemnitz, Oederan und Zschopau, erklärt sich die landfeindliche Einstellung der Bürger u. a. aus den seit Jahrzehnten mit aller Hartnäckigkeit geführten Streitigkeiten wegen der ländlichen Produktion, die man nunmehr entscheidend treffen zu können glaubte. Diese Haltung der Städte hat ein Ausweiten des erzgebirgischen Aufstandes verhindert. Dabei zeigt die Tonart der landesherrlichen Schreiben und der Antworten darauf die Gefahr einer Beteiligung der sächsischen Bauern. Denn gegenüber den Unruhen in Thüringen, mit dem revolutionären Mittelpunkt in Mühlhausen, war Sachsen die Ausgangsbasis der Fürsten und des

328 *Porschnew, B. F.*, Formen und Wege des bäuerlichen Kampfes gegen die feudale Ausbeutung. In: „Sowjetwissenschaft, Gesellschaftswiss. Reihe", S. 440ff., 1952.

329 Akten und Briefe zur Kirchenpolitik Herzog Georgs von Sachsen, hg. von Gess, Felician (abgek. Gess. mit Nr.) Bd. II., 1917, Nr. 945.

330 Fuchs, Nr. 1820, 1864; diese Aufzeichnungen verdanken wir der Tatsache, daß diese Orte um Stundung der ihnen auferlegten Strafgelder gebeten hatten; eine Beteiligung auch anderer Dörfer des Abts von Chemnitz ist daher nicht ausgeschlossen.

331 In Annaberg war die Werbung ganz ohne Erfolg (ebenda, Nr. 1362). Der Amtmann mußte feststellen, „es ist ein teufelhaftig werk unter die leut kommen" (ebenda, Nr. 1397). Hans v. Pflug, Herr zu Rabenstein, verweigert die geforderte Hilfe mit dem Hinweis auf täglich zu erwartenden Aufruhr in der Gegend (ebenda, Nr. 1402). Vgl. auch ebenda, Nr. 1381, 1410 und 1432 über Annaberg, sowie Gess, Nr. 930 über Dresden und Pirna. Da im Amt Schellenberg wenig Ritterpferde zur Verfügung stehen, hat der Amtmann die Bauern aufgeboten. Er äußert aber (Fuchs, Nr. 1482) Bedenken, ihre Hilfe in Anspruch zu nehmen:„ mich bedunkt, es sei ferlich, eulen mit eulen zu speisen" und mehr Bauern auf den Schellenberg zu nehmen, als Knechte dort sind.

332 Ebenda, Nr. 1496 bittet der Amtmann Wolkenstein um Hilfe gegen den Zug der Bergknappen in die Dörfer derer von Berbisdorf. Zur Haltung der Bergleute vgl. jetzt *Sieber, Siegfried*, Die Teilnahme erzgebirgischer Bergleute am Bauernkrieg 1525. In: Bergbau und Bergleute, Freiberger Forschungshefte, D 11, Berlin 1955, S. 83ff.

333 Fuchs, Nr. 1841.

334 So auch Fuchs, Vorwort S. XXVIII.

Adels. Von hier aus organisierte Herzog Georg gemeinsam mit Philipp von Hessen den Kampf gegen Thomas Müntzer. Die in Leipzig unter dem „angriffslustigen" Herzog Georg, einem der „aktivsten Vertreter der Herrenpartei"[335], versammelten Truppen waren zum großen Teil Knechte, also Söldner der sächsischen Städte und Ämter. Mochten sie auch noch so zögernd und unvollständig eintreffen[336], so wurde doch die entscheidende Phase — kurz vor der Niederlage Müntzers — ohne allzu gefährliche Situationen überstanden. Wie groß trotz allem der Schreck war, erkennt man aus den Strafen, die den am Aufstand beteiligten oder der Teilnahme verdächtigten Städten und Dörfern auferlegt wurden. Dabei zeigten die Aktionen im Erzgebirge fast keine Organisation, die Verbindung zum Vogtland und Thüringen war sehr lose und wurde nur durch einige von dort geflohene Anführer vermittelt.

Selbstverständlich zogen auch die sächsischen Adligen aus dem Bauernkrieg die Lehre, daß solchen revolutionären Erhebungen vorgebeugt werden müsse. Als Folge des Bauernkrieges wurde in den Wettinischen Landen den Bauern das Waffentragen verboten.[337] Die landesherrlichen Verordnungen auf dem Gebiete der öffentlichen Sicherheit ergehen in den Jahren nach dem Bauernkrieg ebenfalls besonders zahlreich.[338] Doch diese in der Verschärfung der feudalen Abhängigkeit sich ausdrückende Tendenz fand — wenn man von den Strafmaßnahmen absieht — nicht sogleich ihre Verwirklichung. Es vergingen noch einige Jahrzehnte, ehe sie in breiterer Front wirksam wurden.[339] Vor Ende des Jahrhunderts war das nicht abgeschlossen. So ist auch das Verhältnis von Stadt und Land nicht oder doch nicht sofort durch den Ausgang des Bauernkrieges grundlegend verändert worden. In dem größten Teil des Landes hatten die Bauern sich nicht am Bauernkrieg beteiligt. Die Verhältnisse in Sachsen unterschieden sich in mancher Hinsicht von denen des übrigen Deutschland. Entscheidend war die Tatsache, daß

---

335 *Smirin, M. M.*, Die Volksreformation des Thomas Müntzer und der große Bauernkrieg. Berlin 1952, S. 285; *Meusel, Alfred*, Thomas Müntzer und seine Zeit. Berlin 1952, S. 173ff.

336 Das Landesaufgebot erschien Georg zu unsicher, daher die Werbung von Knechten (vgl. Fuchs, Einleitung); über die Bereitschaft der Kirche, diese Werbung finanziell zu unterstützen, vgl. Gess, Nr. 964. Über das Amt als Militärbezirk findet sich eine Darstellung bei *Pannach, Heinz*, Das Amt Meissen vom Anfang des 14. bis zur Mitte des 16. Jh. In: Forschungen zur mittelalterlichen Geschichte, hrsg. von Sproemberg, Heinrich, Kretzschmar, Hellmut und Werner, Ernst, Bd. 5, Berlin 1960, S. 94 ff.

337 *Görlitz, Woldemar*, a. a. O., S. 203f. mit Anm. Er weist auch (S. 448 Anm.5) auf Befürchtungen neuer Unruhen hin, die den Verlauf des Ständetages von 1526 beeinflußten.

338 Ebenda, S. 199ff. Für die ernestinischen Gebiete vgl. auch Ernestinische Landtagsakten. Bd. I, Die Landtage von 1487 bis 1532, bearb. von C. A. H. Burkardt (Thüringische Geschichtsquellen, NF 5. Bd.,) Jena 1902, Nr. 454, 463.

339 *Kötzschke, Rudolf*, Ländliche Siedlung, a. a. O., S. 120: „Nach dieser schweren Erschütterung trat im Verlaufe des Reformationszeitalters eine gewisse Festigung und Abklärung der ländlichen Zustände ein, im Verhältnis von Herrengut und Bauernland auf der Flur unter dem Zeichen des Beharrens auf Menschenalter hinaus, in sozialer Hinsicht freilich mit zunehmendem Druck auf die bäuerliche Bevölkerung."

die Landesherrschaft in diesem Raum stark war und die Bauern dem Adel nicht völlig ausgeliefert hatte bzw. sich gegen solche Tendenzen des Adels stemmte.[340] Durch Bergbau und gewerbliche Produktion war die Lage der Landbevölkerung relativ günstig, der Klassenkampf nahm auf dem Lande nicht die Form offener Auflehnung an. Es machten sich jedenfalls in den Jahren nach dem Krieg keine Anzeichen bemerkbar, daß die Kräfteverhältnisse auf dem Lande sich wesentlich geändert hätten. Dagegen traten die Städte und das Land einander in der folgenden Zeit auf breiter Front entgegen. Seinen Ausdruck findet das — um in die neue Phase dieser Auseinandersetzung einzutreten — in den zusammenfassenden Beschwerdeaktionen der Städte.

Eine Welle von Beschwerden setzte im Jahre 1528 ein.[341] Die Städte standen dabei in enger Verbindung, führten aber den Briefwechsel mit dem Landesherrn meist noch einzeln. Die landesherrliche Kanzlei wurde in diesem Jahre mit Schreiben der Städte und Antworten des Adels geradezu überschüttet. Aus diesen Quellen gewinnen wir für den Charakter des Kampfes wertvolle Erkenntnisse. Der schlagartige Einsatz ist auch nicht lediglich durch die Überlieferung zu erklären, sondern vor allem aus dem Verlauf des Klassenkampfes zwischen Bürgertum und Adel im allgemeinen, wie er auf den Landtagen seinen Niederschlag gefunden hat.[342]

In der Auslegung der Landesordnung von 1482 waren nämlich schon bald ernsthafte Differenzen aufgetreten, so daß 1488 der Anstoß zu gesamtwettinischen Beratungen über eine neue Landesordnung erging. 1498 und 1502 lagen Entwürfe vor, 1520 wurde die Ausarbeitung einer Landesordnung empfohlen; zustandegekommen ist sie nicht.[343] Da legten 1527 die Städte des albertinischen Sachsens die von ihnen neu gedruckte Landesordnung von 1482 in Ausschußbesprechungen vor und wendeten sie als geltendes Recht an.[344] Den Widerspruch des Adels und

[340] Ebenda, S. 121f.

[341] *Görlitz, Woldemar*, a. a. O., S. 226, setzt den Beginn des „energischen und anhaltenden Kampfes der Städte gegen das Umsichgreifen bürgerlicher Erwerbstätigkeiten auf dem platten Lande" in das Jahr 1527. Die ersten Ansätze sind sogar schon 1526 zu beobachten, als die Landesordnung von 1482 neu gedruckt wurde.

[342] Zum Folgenden vgl. *Görlitz, Woldemar*, a. a. O., S. 193ff.; alle Daten sind von ihm übernommen.

[343] Die Bestrebungen, im ernestinischen Teile eine neue Landesordnung zu schaffen, waren erst 1556 erfolgreich abgeschlossen. Über die Stellungnahme zur gewerblichen Produktion des platten Landes vgl. *Buchda, F.*, Wirtschaftsrecht in jüngeren thüringischen Landesordnungen. In: Festschrift Hedemann, 1938, S. 35ff., mit vielen Literaturhinweisen. Grundlegend *Mentz, Georg*, Johann Friedrich der Großmütige. III. Teil, 1903, S. 113ff. (Kap. „Der Landesherr"). In diesem Zusammenhang darf ich nochmals auf die von *Patze, Hans*, a. a. O., S. 233ff., im Quellenanhang abgedruckten Belege verweisen. Auch in Thüringen erscheinen die ersten Jahrzehnte, vor allem die dreißiger Jahre des 16. Jh. als Zeitraum lebhafter Spannungen im Stadt-Land-Verhältnis.

[344] *Görlitz, Woldemar*, a. a. O., S. 194 mit Beilage 21. Im gleichen Jahre waren Bürger der Stadt Chemnitz, offenbar bei gewaltsamen Kontrollaktionen ländlicher Produzenten, von der Frau von Auerswalde festgesetzt worden. Herzog Georg veranlaßte ihre Befreiung, erkannte die Rechtmäßigkeit der städtischen Forderungen, nicht aber die Selb-

die zögernde Haltung des Landesherrn nahmen sie zum Anlaß, durch weitere Beschwerden und Listen mit teilweise detaillierten Angaben den Umfang der Landproduktion festzustellen, um ihrer Position Geltung zu verschaffen. Die vier im Jahre 1528 Beschwerde führenden Städte erwähnen in ihren Meldungen insgesamt 267 Dorfweber.[345] Weiter haben wir aus den Jahren 1529, 1530 und 1533 Beweise für die Aktivität der Städte in Form von Beschwerden.[346]

In den Verhandlungen eines Ständeausschusses vom März 1530 brachten die Städte einen bemerkenswerten Antrag ein. Die von ihnen vorgeschlagene Landesordnung sollte nämlich — abgesehen von anderen Punkten — Schmiede, Schneider und Leineweber außerhalb der Viertelmeile ohne jede Einschränkung gestatten. Das war ein sehr großes Zugeständnis, und man erkennt daran, wie sehr dem Bürgertum an einer schriftlichen Fixierung des Rechtszustandes gelegen war. Doch auch diese Bemühungen scheiterten, der Vorschlag hat keine Anerkennung gefunden. Von 1530 bis 1534 hat Georg offenbar nur mit Ausschüssen gearbeitet. Der nächste Landtag im Mai 1534 war daher sofort für 8 Städte der Anlaß[347], in gemeinsamer Aktion ihre Anliegen gegen die Dorfweber vorzubringen. Hier erfolgte sogar gemeinsame Abfassung der Beschwerde, in der nicht weniger als 270 Dorfweber gemeldet wurden.

Eine allgemein gehaltene Beschwerde wurde auf dem Landtag von 1537 vorgebracht[348], und auch in den Jahren 1538 und 1540 sind Beschwerden geführt worden.[349] Diese waren allerdings nicht so umfangreich wie die von 1528 oder 1534, vor allem fehlten in ihnen die Namen der Dorfweber, z. T. auch der Dörfer, so daß keine Möglichkeit besteht, eine genauere Analyse der Produzenten vorzunehmen. 1540 sind überhaupt nur die Anzahl der Dorfweber und der betreffende Feudalherr angegeben worden. Es handelt sich zumeist um Orte im Gebirge, bei denen es für die Städte ziemlich aussichtslos war, eine Nachprüfung an Ort und Stelle zu versuchen. In den letzten Jahren seiner Regierung hat Georg im allgemeinen die Arbeit mit Ausschüssen vorgezogen; darüber hinaus machte sich eine Verstärkung des adligen Einflusses geltend. Man bemerkt eine starke zahlenmäßige Überlegenheit der Ritter in den Ausschüssen und die offene Parteinahme der (meist adligen) herzoglichen Räte für die Vorschläge der Ritterschaft.[350] Das hängt möglicher-

---

ständigkeit der Aktion an: „Das sich nicht gefuget hat, die sach dermassen anzugreyffen, weyl yr wist, das den Hanntwergkern unßer Verordnung nach, Ane des Landtknechts aus dem Ampt beyßeyn" solche Eingriffe nicht gestattet seien. (Stadtarchiv Karl-Marx-Stadt, Cap. IX, Aa Nr. 1, fol. 120).

345 Regesten Nr. 15—20.

346 Regesten Nr. 21—26 und Regest Nr. 28, möglicherweise auch Regest Nr. 30.

347 Regest Nr. 29. Diese Aufstellung wurde eingereicht, nachdem Georg durch ein Schreiben der gleichen Städte (Loc. 8746, fol. 132) auf die Verhältnisse aufmerksam gemacht worden war und Einzelheiten erfahren wollte.

348 *Görlitz, Woldemar*, a. a. O., S. 544, Abdruck 30, Über langwierige Streitigkeiten seit 1537 in der Nähe von Borna berichtet *Margraf, B. O.*, a. a. O., S. 112 (1909).

349 Regesten Nr. 31—35.

350 *Görlitz, Woldemar*, a. a. O., S. 463.

weise mit Georgs Bemühungen um reibungslose Anerkennung des Erbanspruchs Heinrichs zusammen, wozu er den Adel zu gewinnen trachtete.[351] Es zeigt sich darüber hinaus generell die Tendenz zur Verstärkung des feudalen Elementes im Staatsapparat, wie das der sozialökonomischen und politischen Gesamtentwicklung durchaus entsprach.[352]

In dieser Zeit der schärfsten Auseinandersetzungen, als die Städte gemeinsame Aktionen vorbereiteten und durchführten, hat es doch auch nicht an Streitigkeiten untereinander gefehlt. Ein Teil dieser Meinungsverschiedenheiten der Städte ergab sich aus der Verletzung des Chemnitzer Bleichprivilegs und stellt nur die Fortsetzung der früher geschilderten Kämpfe dar. Daneben sind es noch verschiedene andere Anlässe, die zu solchen Streitigkeiten führen. Der Garnkauf, beziehungsweise die Frage, auf welchen Märkten die Innungen das Garn kaufen konnten, nahm mit der Ausdehnung der städtischen und ländlichen Produktion an Bedeutung zu.[353] Die Folge dieser sich erweiternden Produktion waren Garnknappheit und Verteuerung. Jede Stadt versuchte die Innungen anderer Städte von ihrem Markt fern zu halten oder doch die Einkaufszeit für diese zu beschränken. Dabei gingen die Interessen von Kaufleuten und Handwerkern innerhalb der Städte naturgemäß auseinander.[354]

Streitpunkt waren auch die „Winkelbleichen", d. h. die neben Chemnitz und Rochlitz bestehenden Bleichen.[355] Diese Bleichen erleichterten nicht nur den Zunft-

---

[351] Ebenda, S. 464.

[352] Dazu *Blaschke, Karlheinz*, Die Kursächsische Landesregierung, a. a. O., S. 270ff.; vgl. auch oben S. 81, Anm. 225.

[353] Zwischen Rochlitz einerseits sowie Lunzenau und Burgstädt andererseits kam es zu jahrelangen Streitigkeiten, weil in Rochlitz kein Garnkauf anderer Städte geduldet wurde. Der Amtmann mußte eingreifen und tat das zugunsten der Leineweber von Lunzenau und Burgstädt (Loc. 8746, fol. 65ff.).

[354] Besonders deutlich wurde das wieder bei Rochlitz. Hier mußten Amtmann und Rat die Interessen der auswärtigen Produzenten gegen die Zunft vertreten (ebenda, fol. 108f., 162f., beides 1525). 1526 konnte die durch Rochlitz und Mittweida erfolgte Beschlagnahme des von Chemnitzer Bürgern gekauften Garns nur durch einen amtlichen Vergleich rückgängig gemacht werden (ebenda, fol. 71f.). Über die Gebühren der Rochlitzer Bleiche beschwerten sich 1528 Rochlitz, Geithain und Mittweida, weil sie pro Stück einen Gr. mehr zahlen mußten, als die anderen Städte in Rochlitz oder Chemnitz bezahlten. In diesem Zusammenhang erfahren wir, daß in Chemnitz neben den einheimischen nur die Oederaner und Zschopauer Weber bleichten, während Rochlitz von 10 Städten beschickt wurde, die allerdings z.T. ihrerseits Winkelbleichen betrieben (ebenda fol. 75/76).

[355] Schon CDS II, 6, Nr. 152, verzeichnet zum Jahre 1449 Winkelbleichen in Rochlitz, Colditz, Penig, Frankenberg, Krumbach und „sust in dorffern dorumbe ligende, dy wir nicht alle vorzcelen konnen". Über Spannungen zwischen Chemnitz und Frankenberg im 16. Jh. vgl. *Kunze, Arno*, Die Frankenberger Leinwand, a. a. O., S. 69. Im Jahre 1526 legte Herzog Georg durch einen Vertrag den Streit zwischen Chemnitz und dem Burggrafen von Leisnig bei. Letzterer hatte in Penig eine Bleiche geduldet. Es wurde bestimmt, daß diese Bleiche nur von Untertanen des Burggrafen beschickt werden dürfte (Cop. 92, fol. 14) und 1518 hieß es in einem Schreiben der Chemnitzer ‚item zu

meistern der betreffenden Städte ihre Produktion und halfen ihnen, ihre Unabhängigkeit vom Händler aufrecht zu erhalten, sie brachten auch der Stadt selbst Einnahmen. Schließlich erhöhte sich mit der Zahl der vorhandenen Bleichen auch die Möglichkeit, ländliche Produkte dort bleichen zu lassen, weil die kleinen Bleichen nicht voll ausgelastet waren und es mit der Kontrolle der zünftischen Herkunft der Leinwand nicht so genau nahmen. Interessiert waren an solchen Verfahren die Aufkäufer ländlicher Leinewand, unter denen sich häufig Faktoren oberdeutscher Kaufleute befanden. Besonderen Anlaß zu Beschwerden gab es, wenn die Verbindung zwischen Garnkauf und Bleiche gebrochen wurde. Es galt nämlich der Grundsatz: Wer in Chemnitz bleichen läßt, kann auf allen Märkten frei Garn kaufen.[356] Die Oberdeutschen nahmen die Freiheit des Kaufs gerne in Anspruch, mit dem Besuch der Bleiche nahmen sie es weniger genau. Für sie stand der Garnkauf in gar keiner Verbindung mit der Bleiche, weil sie die Ausfuhr ungebleichter Leinewand in die oberdeutschen Färbereien betrieben, ehe Sachsen selbst zur Einrichtung von Färbereien überging.
So zeigt sich in den dreißiger Jahren, welche Folgen eine starke, Zunftprivilegien mißachtende Landproduktion haben mußte. Der Kampf gegen das Land verband sich mit der Konkurrenz untereinander, wobei sich gleichzeitig die neue Richtung in der Leinenproduktion ankündigte: Färbeleinwand im Auftrag der oberdeutschen Handelshäuser. In dem Maße, wie diese oberdeutschen Aufträge die Absatzschwierigkeit der Leineweber der sächsischen Städte beseitigten, verlor die Landproduktion den Charakter einer tödlichen Bedrohung, zumal die auch auf das Land reichenden Verbindungen dieser Kaufleute abgebrochen wurden. Unsere gute Kenntnis dieses Jahrzehnts erklärt sich daraus, daß die Quellen besonders reichhaltig sind, weil es viele Gelegenheiten zu schriftlicher Äußerung gegeben hat. In der folgenden Zeit wird das schon wieder anders. Die neuen Faktoren lenken von der Landproduktion ab, und wir müssen auch die politische Entwicklung dieser folgenden Jahre berücksichtigen.
Nach Georgs Tod wird 1539 die Reformation durchgeführt, die besonders hartnäckigen Gegner, die Klöster Chemnitz und Zelle, verfallen der Säkularisation. Die Übernahme der Regierung durch den jungen Herzog Moritz, der bald in großem Stile in die Reichspolitik eingreift, brachte Veränderungen im Kräfteverhältnis zwischen Landesherrn und Ständen. Wie schon der Bauernkrieg, so hat diese Ereigniskette das Stadt-Land-Problem in den Hintergrund gedrängt, so daß mir aus den vierziger Jahren nur die Prozesse gegen Langenhennersdorf sowie gegen Dörfer in der Umgebung von Chemnitz und die Anweisung des Landesherrn an

---

Colditz hat man gewiß bleichen und auch zu Wuerzen des gleichen auch zu Penigk under dem graffen von Leisnigk' (Loc. 8746, fol. 62).

356 CDS II, 6, Nr. 211 (1470); diese Verfügung bezog sich nur auf Chemnitz, wurde aber auch auf Rochlitz angewendet, das sich 1536 über ‚Geithain, Hartha und Geringswalde beschwert, weil diese Städte zwar in Rochlitz Garn kaufen, die fertige Ware aber nicht auf die Bleiche schicken wollten' (Loc. 8746, fol. 180). Der Landesherr griff nur ein, wenn beide von ihm privilegierten Bleichen umgangen wurden.

den Schösser zu Rochlitz bekanntgeworden sind.[357] Als es aber in den fünfziger Jahren wieder zum Gegenstand der Erörterungen wird, hatten sich die rückläufigen Tendenzen auf dem Lande schon stärker durchgesetzt und fanden ihren Ausdruck im Grimmschen Vertrag von 1555.

Dieser Vertrag[358] regelte die Landproduktion der Dörfer im Amte Chemnitz.[359] Es werden 1—2 Weber in den einzelnen Orten genehmigt, wobei schärfste Maßstäbe Anwendung finden. Von einer Unterscheidung der „großen“ und „kleinen“ Dörfer ist keine Rede mehr, auch die Zahl der Feuerstellen wird nicht zum Ausgangspunkt der Berechnungen genommen. Die Orte, für welche der Vertrag einen Weber gestattete, waren in der vorangegangenen Zeit häufig mit zwei oder drei Webern bekannt. 1555 mit 2 Webern genannte Orte hatten vorher bis zu 4. Der Vertrag macht schließlich bei 5 Orten keine genaue Angabe der Zahl der Weber, sondern beschränkt nur die Sorten und verbietet die Produktion für den Markt.[360] Es handelt sich um die Dörfer Leuckersdorf, Wüstenbrand, St. Niklas Gasse, Pleissa und Jahnsdorf, d. h. Siedlungen mit starker Leinenproduktion, womit gleichzeitig der Beweis erbracht worden ist, daß der Stadt diesen Dörfern gegenüber auch jetzt noch alle Machtmittel zur genauen Feststellung bzw. Festlegung der Zahl und Namen fehlten.[361]

Der Augsburger Religionsfrieden vom September 1555 bedeutete für die deutschen Fürsten die volle Anerkennung der selbständigen Verfügungsgewalt über ihren territorialen Herrschaftsbereich. Mit diesem Vertrag, der die universalen Pläne Karls V. endgültig zunichte machte, war der Kampf zwischen Zentralgewalt und Territorien nicht abgeschlossen, aber er hatte eine weithin sichtbare und auch wirksame, durch die Erschöpfung aller Beteiligten notwendig gewordene Etappe erreicht. Wie zur Bekräftigung dieser neu bestätigten Stellung erging für Kur-

---

357 Vgl. Regesten Nr. 36, 37, 38.

358 Loc. 9832a, Grimmscher Originalvertrag; Druck bei Richter, Adam, Daniel, Chronik der Stadt Chemnitz, 1767, Bd. II., S. 53 und *Weinart, Benjamin Gottfried*, Neue sächsische Historische Handbibliothek. Bd. 2, 1784, S. 390ff. Der frühe Druck bei Richter hatte zur Folge, daß der Vertrag leicht zugänglich war und daher vielfach (meist überschätzend) verwertet wurde.

359 Die Dörfer unterstanden zum größten Teil vorher dem Abt von Chemnitz und waren in früheren Jahren bereits Gegenstand heftiger Beschwerden gewesen. Auch diese lokale Beschränkung auf ein Amt muß vor Überschätzung des Vertrages warnen.

360 Der Gesichtspunkt der Lage (Meile) war den verhandelnden Parteien zwar bekannt, ist aber ohne erkennbaren Einfluß geblieben.

361 In Leuckersdorff verweigerte der Richter schon 1487 jede Auskunft und behauptete, das Dorf besitze eine landesherrliche Sondererlaubnis; 1518 arbeiteten hier drei, 1534 zehn Dorfweber; Namen sind in diesem Orte niemals genannt worden. Wüstenbrand hatte 1487 acht namentlich genannte Weber, während in drei Beschwerden der ff. Jahrzehnte immer nur zwei genannt werden. Für St. Niklas Gasse findet sich im Vertrag keine bes. Bestimmung, es waren 1518 sechs mit Namen genannte Weber im Dorfe. Pleissa hatte 1487 einen, dagegen 1518 fünf namentlich genannte Weber. Später ging diese Zahl zurück, so daß 1529 und 1534 jeweils nur zwei gemeldet werden. Im letztgenannten Falle wird vermerkt, daß sie schmale Leinwand für den Markt arbeiten und sie selbst bleichen. Auch Jahnsdorf fehlt nicht im Grimmschen Vertrag, und es werden lediglich die

sachsen die Landesordnung vom 1. Oktober 1555, mit der der junge Kurfürst August seine im Jahre 1553 angetretene Regierung einleitete. Bei der Landesordnung handelt es sich nun freilich nicht um ein Regierungsprogramm, denn sie enthält kaum Bestimmungen, die sich nicht aus den Beschwerden der Stände ergeben hatten. Sie ist eine ohne Gliederungspunkte verfaßte Zusammenstellung solcher Beschwerden. Die für uns wichtigste Bestimmung über das ländliche Gewerbe ist eine wörtliche Wiederholung der betreffenden Bestimmungen aus der Landesordnung von 1482. Auch in der neuen Landesordnung wird der Grundsatz der Arbeitsteilung zwischen Stadt und Land aufrecht erhalten.[362]

Die Verhältnisse hatten sich jedoch gegenüber 1482 deutlich verändert. In der folgenden Zeit waren die Voraussetzungen für eine Durchsetzung des von den Städten beanspruchten Produktionsmonopols gegeben, wie es sich in der strengen Arbeitsteilung zwischen Stadt und Land darstellt. Die Zünfte hatten ihre schwerste Krise überwunden, wenn auch die Schwierigkeiten damit keineswegs beseitigt waren.

Marktproduktion und der Garnkauf verboten. Hier wurden schon 1487 — als der Richter die Auskunft verweigerte — von der Chemnitzer Innung über 12 Leineweber mit ca. 25 Webstühlen gemeldet. Die Wahrscheinlichkeit dieser Angabe wird durch spätere Meldungen bestätigt, denn es waren 1518 neun und 1522 achtzehn Weber.

[362] Codex Augusteus, I., Sp. 65.

V. SCHLUSSBETRACHTUNG

Wir hatten einleitend angedeutet, wie die Leinenproduktion sich bis zum Ausgang des 15. Jh. gestaltete. In dem von uns sodann näher untersuchten Zeitraum konnten wir deutliche Zeichen einer Krise des feudalzünftischen Systems feststellen, und wir müssen jetzt — da wir am Ende der Untersuchung angelangt sind — die Entwicklung auch über die Mitte des 16. Jh. hinaus noch skizzieren, um die Grundlage für eine abschließende Bewertung zu schaffen.

Es ist bekannt, daß die Produktion schwerer, wertvoller Tuche in Deutschland weder in der Qualität noch in der Quantität mit der Westeuropas hatte Schritt halten können. Schon seit der zweiten Hälfte des 15. Jh. kündigte sich ein Absinken der Produktion in diesen Sorten an, und man stellte sich in immer größerem Maße auf die Verfertigung von leichteren Mischgeweben und auf Leinen um. Der deutsche Groß- und Fernhandel konnte der ausländischen, besonders der niederländischen und englischen Konkurrenz auf die Dauer nicht standhalten. So wurde das frühere Handelsmonopol der Hanse gegenstandslos, weil die nur auf Austausch der Produkte West- und Osteuropas gerichtete Funktion dieser Städte historisch überholt war. Die oberdeutschen Städte, in denen die Produktion und deren Export schon lange eine größere Rolle gespielt hatten, fanden noch Möglichkeiten, durch Umstellung in der Produktion ihre Stellung wenigstens zu halten. Eine dieser Möglichkeiten war die Verbindung mit dem ostmitteldeutschen Leinenproduktionsgebiet, die ihrerseits eine Folge der Entdeckungen insofern war, als auf dem (kolonialen) Weltmarkt gerade billige und in der Qualität geringere Sorten Leinewand benötigt wurden und mit großem Gewinn gehandelt werden konnten. Solche Leinewand aber konnte der ostmitteldeutsche Raum liefern.

Oberdeutsches Handelskapital war schon früher in Sachsen in Erscheinung getreten. Seine Vertreter nahmen aber im 16. Jh. schnell an Zahl zu, und ihre Bedeutung erhöhte sich ständig.[363] Sie brachten außer ihren in anderen Teilen Deutschlands und Europas erworbenen Vermögen auch die Erfahrung und die Marktkenntnis mit, die für erfolgreiche Geschäfte unbedingt erforderlich waren.

---

363 Zum Folgenden vgl. *Aubin-Kunze*, a. a. O., bes. S. 42ff.

Die gewerblichen Verhältnisse in Mitteldeutschland kamen einer solchen Verbindung durchaus entgegen.

Man kann nicht bezweifeln, daß damit zu einer Zeit, da die Schwäche der Zentralgewalt sich für die ökonomische Entwicklung des Reiches vernichtend auswirkte, die ostmitteldeutschen Gebiete, auch Sachsen, einen außerordentlichen politischen und ökonomischen Aufschwung nahmen.[364]

Gegen Ende der ersten Hälfte des 16. Jh. kündigte sich eine Konjunktur der städtischen Leinenproduktion an, die, nach ständigem Wachstum, gegen 1600 ihren Höhepunkt erreichte, dann nachließ und mit dem Dreißigjährigen Krieg ihr Ende fand.

Aubin und Kunze haben die Vorgänge dieser Jahrzehnte eingehend untersucht, und ihre Ergebnisse sind in den wesentlichen Punkten anzuerkennen. Die Verbindung Oberdeutschland—Mitteldeutschland brachte eine beträchtliche Entwicklung der Produktivkräfte mit sich. Die alten oder neu entstehenden Zünfte wuchsen zahlenmäßig sehr schnell an, die Menge der produzierten Leinewand nahm außerordentlich zu, und die Sorten wurden auf einen einheitlichen, durch die Bedürfnisse des Marktes bestimmten Stand gebracht. Der Verlag, und zwar der Gruppen- und vor allem der Zunftverlag, hielt seinen Einzug in das von uns untersuchte Gebiet.

Mit Gruppen- und Zunft-Verlag haben wir aber zugleich eine entscheidende Tatsache berührt, deren Bedeutung bei Aubin und Kunze nur angedeutet, aber nicht richtig erkannt worden ist. Es kam nicht zur Zersetzung der Zünfte als der organisatorischen Form der feudalen Produktionsweise, sondern im Gegenteil zu einer Neubefestigung ihrer Macht, von der wir für die zwanziger und dreißiger Jahre haben nachweisen können, daß sie sehr schwach geworden war.

Wir haben früher schon festgestellt, daß das Handelskapital „durch die Feudalverfassung auf dem Lande, durch die Zunftverfassung in den Städten an seiner Verwandlung in industrielles Kapital behindert“ wurde.[365] Während also objektiv durch die Masse des oberdeutschen Handelskapitals die Möglichkeit einer Zersetzung der überkommenen Zunftverhältnisse gegeben wurde, hat tatsächlich dieses Handelskapital die Zünfte nicht nur in ihrem Bestand unangetastet gelassen, sondern sich geradezu für die Neuschaffung von Zünften eingesetzt und mit diesen Verträge auf Leinwandlieferung geschlossen. So blieben die Zünfte und die in ihren Satzungen beschlossenen Fesseln bestehen. Das Handelskapital knüpfte an die schon vorhandenen Zwangsorgane der Zünfte an[366] und spielte daher eine durchaus konservierende Rolle: denn „unter den Zunftbedingungen, z. B. kann bloßes Geld, das nicht selbst zünftig ist, meisterschaftlich ist, nicht die Webstühle kaufen, um auf ihnen arbeiten zu lassen“; es bleibt „vorgeschrieben, wie viele einer bearbeiten darf“.[367] Gerade die damit untrennbar verbundene, von den

[364] Vgl. dazu *Kötzschke, Rudolf*, Ländliche Siedlung, a. a. O., S. 84.

[365] *Marx, Karl*, Das Kapital, Bd. I, S. 790.

[366] *Aubin-Kunze*, a. a. O., S. 283.

[367] *Marx, Karl*, Formen, die der kapitalistischen Produktionsweise vorhergehen. Dietz Verlag, Berlin 1952, S. 46; vgl. auch: Marx, Karl, Das Kapital. Bd. I, S. 323.

Zünften verfolgte Tendenz der Behinderung des Aufstieges stärkerer Meister zu Produzenten-Kaufleuten ist für die Leineweberzünfte Sachsens charakteristisch; der wirklich revolutionierende Weg in der Produktion[368] wurde also nicht beschritten. Die von Kunze[369] angeführten Beispiele sind Ausnahmen, bei denen es sich zudem nicht um Produzenten-Kaufleute handelt, sondern um Leineweber-meister, die Leinewandhändler geworden sind und sich aus der Produktion zurückzogen. Von einer Vergrößerung ihrer Werkstätten und von der Beschäftigung einer größeren Anzahl von Gesellen oder gar anderen Meistern ist nichts zu bemerken.

Das oberdeutsche Handelskapital schloß mit den Produzenten Verlagsgeschäfte ab, die meist ganze Zünfte, mindestens aber Gruppen von Meistern betrafen. Der Einzelverlag spielte daneben nur in größeren Städten (Leipzig und Dresden) eine Rolle. Die Zünfte waren es also, die als Vertreter der Produzenten für einen bestimmten Zeitpunkt eine bestimmte Menge einer bestimmten Sorte Leinen zusagten. Sie empfingen den Vorschuß (Hand- oder Rastgeld), der oft in Garn, meist aber in Geld gegeben wurde und verteilten ihn an die Meister entsprechend deren Leistungsfähigkeit oder Beteiligung. In den meisten Fällen hatten der Rat oder der zuständige Feudalherr die Bürgschaft für die ordnungsgemäße Erledigung der Geschäfte übernommen.

Diese Verlagsgeschäfte sicherten die Herrschaft der Zünfte über die unmittelbaren Produzenten, sie verschafften dem Handelskapitalisten die Gewähr einer pünktlichen und einheitlichen Lieferung. Man darf jedoch nicht übersehen, daß in dieser Form des Verlages eine ganze Reihe feudaler Elemente erhalten blieben, die der Einzelverlag oder der Verlag mehrerer Meister nicht mehr sicherten. Zwar wird ein Teil des Handelskapitals zu produktivem Kapital, aber alles das vollzog sich im Rahmen der Zunft und unter Sicherung der zuständigen Feudalgewalten, die nicht nur dem Händler für seine Ansprüche bürgten, sondern auch jede ein bestimmtes Maß überschreitende Verschuldung eines einzelnen Meisters oder einer Zunft verhinderten.

Man darf sich jedenfalls weder durch die Menge des Handelskapitals, noch durch die positiven Seiten der ganzen Entwicklung täuschen lassen. Die normierende Wirkung dieser großen Zunftaufträge ist unbestreitbar. Hier wurde ein weit verbreitetes Netz verlagsmäßiger Geschäfte gelegt, und die Produktion stieg. Aber es handelt sich ganz eindeutig um *die* Form des Handelskapitals, von der Marx sagt, daß sie der eigentlich kapitalistischen Produktion im Wege stehe. „Ohne die Produktionsweise umzuwälzen, verschlechtert sie nur die Lage der unmittelbaren Produzenten, verwandelt sie in bloße Lohnarbeiter und Proletarier unter schlechteren Bedingungen, als die direkt unter das Kapital subsumierten und eignet sich ihre Mehrarbeit auf Basis der alten Produktionsweise an.“[370]

---

[368] *Marx, Karl,* Das Kapital. Bd. III, S. 366.

[369] In: „Heimat“ XIV, S. 49.

[370] *Marx, Karl,* Das Kapital. Bd. III, S. 367.

Ich glaube, an dieser Einschätzung der Gesamtentwicklung festhalten zu müssen, ohne die von Kunze früher und neuerdings erforschten Tatsachen zu übersehen.[371] Ohne Zweifel hat es eine deutliche Entwicklung der Produktivkräfte in der Weberei gegeben, die aber im Rahmen der alten Produktionsverhältnisse vor sich ging und der daher von vornherein ganz feste Grenzen gesetzt waren — falls es nicht zu einer Sprengung der Produktionsverhältnisse kam. Der spätere Rückgang wird ja auch von Kunze nicht geleugnet, er ist aber nicht nur quantitativ zu greifen, sondern war meines Erachtens durch die Produktionsverhältnisse notwendig gegeben und kann daher weder überraschen noch auf die Wirksamkeit äußerer Faktoren zurückgeführt werden. Die starke Differenzierung der Zünfte aber ist noch keine Erscheinung, die wir mit kapitalistischer Entwicklung gleichsetzen dürfen, denn diese Differenzierung setzt schon erheblich früher ein.[372]

Diese Vorgänge waren nicht ohne Einfluß auf das Land. Wir haben die ländliche Leinenproduktion in den drei Hauptabschnitten der Arbeit eingehend untersucht und kennengelernt. Wir haben dabei die schon zu Ende des 15. Jh. starke Stellung des ländlichen Gewerbes erkannt, haben gesehen, daß in den Produktionsverhältnissen der Leineweber Ansätze zur Sprengung der feudalen Produktionsweise zu erkennen waren, doch sich noch nicht stark genug entfalteten, und daß die Städte einen erbitterten Kampf gegen die Landproduktion führten. Wir haben noch die Möglichkeit verlagsähnlicher Verbindungen zwischen Dorfwebern und städtischen Handelskapitalisten angedeutet.

Wie immer man das Ausmaß dieser Verbindung oder die Aussicht auf eine solche einschätzen mag, es leuchtet ein, daß die Wiederbelebung der Zunftproduktion, die durch ihre stärkere Konzentration leichter zu erreichen und zu übersehen war, der Landproduktion einen schweren Schlag versetzen mußte. Außerdem traf diese Tendenz auf Befestigung der Zünfte zeitlich mit dem Streben des Adels zusammen, durch Maßnahmen verschiedener Art, wie Gesindezwang, Ausdehnung der Eigenwirtschaft und Getreideproduktion für den Markt, stärkere Forderung von Diensten und Lastensteigerung im allgemeinen, seine eigene Position zu festigen. Dazu schufen die steigenden Preise agrarischer Produkte einen starken Anreiz. Landesherr und Adel bemühten sich, ihre Eigenwirtschaften auszubauen. Doch auch die unmittelbaren Produzenten kamen in den Genuß der steigenden Agrarpreise; sie konnten allerdings die Vorteile dieser Entwicklung nicht in dem Maße genießen, wie Landesherr und Adel, die durch billige Arbeitskräfte (Gesindezwang) ihre Grundrente erhöhten. Alle diese Tendenzen haben zu einem Rückgang der ländlichen Leinenproduktion geführt.

---

[371] Vgl. die Stellungnahme von *Hühns, Erik,* in: „ZfG" V. Jg., H. 4, 1957, S. 874ff.

[372] Dazu *Laube, Adolf,* Wirtschaftliche und soziale Differenzierung innerhalb der Zünfte des 14. Jahrhunderts. In: „ZfG", V. Jg., H. 6, 1957, S. 1181ff.; genauere Untersuchungen über die soziale Differenzierung liegen jetzt auch aus dem hansestädtischen Bereich vor, vgl. *Schildhauer, Johannes,* Soziale, politische und religiöse Auseinandersetzungen in den Hansestädten Stralsund, Rostock und Wismar im ersten Drittel des 16. Jahrhunderts. In: „Abhandlungen zur Handels- und Sozialgeschichte", hg. im Auftrage des Hansischen Geschichtsvereins, Bd. 2, 1959.

Wenn auch Beweise ländlicher Leinenproduktion in der zweiten Hälfte des 16. Jh. nicht ganz fehlen[373] und wenn auch das Interesse der Stadt an systematischer Feststellung und damit unsere Kenntnis verbotener Landproduktion nachließen, so hat ganz eindeutig eine Landproduktion alten Ausmaßes nicht mehr stattgefunden, und wo das doch der Fall war, ging sie unter wesentlich schärferen feudalen Bedingungen vor sich als vorher. Über die allgemeine Entwicklung der Textilproduktion sagt Marx[374]: „Die Manufaktur ergreift zunächst nicht das sogenannte städtische Gewerb — sondern das ländliche Nebengewerb, Spinnen und Weben, die Arbeit, die am wenigsten zünftiges Geschick, künstlerische Ausbildung verlangt." An anderer Stelle haben Marx und Engels gemeinsam die Bedeutung des Textilgewerbes noch deutlicher herausgestellt.[375] Sie verweisen hier auf den Anstoß, der von Fernhandel, Nachfrage und Warenzirkulation auf die Produktion ausging, behandeln also gerade Verhältnisse, die auf unseren Zeitraum zutreffen. Es heißt dann: „Die Weberei, eine in den meisten Fällen wenig Geschicklichkeit erfordernde und bald in unendlich viel Zweige zerfallende Arbeit, widerstrebte ihrer ganzen Beschaffenheit nach den Fesseln der Zunft. Die Weberei wurde daher auch meist in Dörfern und Marktflecken ohne zünftige Organisation betrieben, die allmählich zu Städten, und zwar bald zu den blühendsten Städten jedes Landes wurden."

Hier wird die entscheidende Bedeutung der ländlichen Leinenweberei klar. Ihre Entwicklung wird auf einer bestimmten Stufe neben der städtischen Produktion möglich, und von deren Stärke hängt wiederum auch ihre eigene Entwicklung ab. Obgleich die Umwandlung feudaler in kapitalistische Produktionsverhältnisse „auf dem Lande zuletzt sich in ihren letzten Konsequenzen und der reinsten Form durchsetzt, so beginnt sie auf ihm mit am frühsten".[376]

Diese Anfänge kapitalistischer Keime im Schoße der feudalen Umwelt konnten wir in unserer Untersuchung erkennen. Wir sahen jedoch, daß sie noch nicht stark genug waren, um sich durchzusetzen. Eine Verbindung mit dem Handelskapital trat nicht ein, da dieses durch den Zunftverlag in den Städten gebunden wurde und damit die feudalen Produktionsverhältnisse der Stadt stärkte.

Eine Stärkung der feudalen Produktionsverhältnisse erfolgte auch auf dem Lande, und so ging die Landproduktion zahlenmäßig schnell zurück, verlor vor allem ihren nichtfeudalen Charakter und hörte auf, ein den Feudalismus zersetzendes Element zu sein.

---

[373] Z. B. Coll. Schmid, Amt Rochlitz, Vol. V, Nr. 45, zum Jahre 1564; Amt Freiberg, Vol. VI, Nr. 61 zum Jahre 1571; Amt Lauterstein Vol. III, Nr. 41 zum Jahre 1572; Loc. 38118 zum Jahre 1574 (Mitteilung von Dr. Löscher); Coll. Schmid, Amt Chemnitz, Vol. IV, Nr. 81 zum Jahre 1587; Amt Lauterstein, Vol. III, Nr. 41 zum Jahre 1594; Stadtarchiv Karl-Marx-Stadt Kap. IX, Litt. Aa, Nr. 2a, zum Jahre 1597, und LHA Dresden, Rep. 59c, Repos. Ia, Nr. 33 zum Jahre 1627 (ebenfalls Mitteilung von Dr. Löscher).

[374] *Marx, Karl*, Formen, a. a. O., S. 54.

[375] *Marx, Karl* und *Engels, Friedrich*, Die Deutsche Ideologie. (Werke, Bd. III) Dietz Verlag, Berlin 1953, S. 54.

[376] *Marx, Karl*, Formen, a. a. O., S. 54.

Über die allgemeine Entwicklung der deutschen Geschichte in dieser Periode hat sich Engels in einem Brief an Marx geäußert, mit dem wir unsere Betrachtungen beschließen wollen, obwohl die Rechtsform der Leibeigenschaft im Untersuchungsgebiet nicht anzutreffen ist. „Beiläufig ist die allgemeine Wiedereinführung der Leibeigenschaft einer der Gründe, warum in Deutschland keine Industrie im 17. und 18. Jh. aufkommen konnte. Erstens die umgekehrte Arbeitsteilung bei den Zünften, das Gegenteil der bei der Manufaktur: statt innerhalb der Werkstatt, wird die Arbeit zwischen den Zünften geteilt. Hier trat in England Auswanderung aufs unzünftige Land statt. Das verhinderte in Deutschland die Verwandlung der Landleute und Bewohner der ackerbautreibenden Marktflecken in Leibeigene."[177]

---

[377] Engels an Marx in Ventnor, London, 15. Dezember 1882. In: *Marx, Karl* und *Engels, Friedrich*, Briefwechsel. Dietz Verlag, Berlin 1950, Bd. IV., S. 692.

LITERATURVERZEICHNIS

Ackermann, O., Die Entwicklung der Landwirtschaft auf den Vorwerken der schönburgischen Herrschaften Wechselburg und Penig vom 16. Jahrhundert bis zur Gegenwart. Diss., Leipzig 1911.

Akten zur Geschichte des Bauernkrieges in Mitteldeutschland. Bd. 2, bearb. v. W. P. Fuchs, 1942.

Akten und Briefe zur Kirchenpolitik Herzog Georgs von Sachsen. Hg. v. F. Gess, Bd. 2, 1917.

Aubin, G., Zur Geschichte des Verlagssystems in der Periode des Frühkapitalismus. In: „Jahrbücher für Nationalökonomie und Statistik", Bd. 127 (1927).

Derselbe, Die Leineweberzechen in Zittau, Bautzen und Görlitz. In: „Jahrbücher für Nationalökonomie und Statistik", Bd. 104 (1915).

Derselbe, Aus der Frühzeit des deutschen Kapitalismus. (Der kollektive Lieferungsvertrag.) In: „Zeitschrift für das gesamte Handels- und Konkursrecht", Bd. 84 (1921).

Aubin, G. und *Kunze, A.* Leinenerzeugung und Leinenabsatz im östlichen Mitteldeutschland zur Zeit der Zunftkäufe. Stuttgart 1940.

Below, G. v., Die Frage des Rückganges der wirtschaftlichen Verhältnisse Deutschlands vor dem 30jährigen Krieg. In: „Vierteljahrsschrift für Sozial- und Wirtschaftsgeschichte", Bd. 7, S. 160ff., 1909.

Bernhart, E., Die ehemalige Harthaer Leineweberei. In: Harthaer Heimatbuch I, 2 (1929), S. 92ff.

Beutler, A., Die Entwicklung der sozialen und wirtschaftlichen Lage der Weber im sächsischen Vogtland. Greifswald, Diss., 1921.

Blaschke, K., Die fünf neuen Leipziger Ratsdörfer. Phil. Diss., Leipzig 1950. In: „Wissenschaftliche Zeitschrift der Karl-Marx-Universität Leipzig", Gesellsch.- und sprachwiss. Reihe, Jg. 1951/52, H. 5, S. 76f.

Derselbe, Die kursächsische Landesregierung. In: „Forschungen aus mitteldeutschen Archiven", Festschrift für Hellmut Kretzschmar, Bd. 3 der Schriftenreihe der Staatlichen Archivverwaltung, Berlin 1953, S. 270ff.

Derselbe, Das Bauernlegen in Sachsen. In: „Vierteljahresschrift für Sozial- und Wirtschaftsgeschichte", Bd. 42, S. 97ff., 1955.

Blaschke, K., Zur Behördengeschichte der Sächsischen Lokalverwaltung. In: „Archivar und Historiker, Studien zur Archiv- und Geschichtswissenschaft“, Festschrift für H. O. Meisner, Bd. 7 der Schriftenreihe der Staatlichen Archivverwaltung, Berlin 1956, S. 343ff.

Derselbe, Soziale Gliederung und Entwicklung der sächsischen Landbevölkerung im 16. bis 18. Jahrhundert. In: „Zeitschrift für Agrargeschichte und Agrarsoziologie“, Jg. 4 (1956), H. 2, S. 144ff.

Derselbe, Zur Statistik der sächsischen Städte im 16. Jh. In: „Vom Mittelalter zur Neuzeit“, Festschrift für Heinrich Sproemberg, Forschungen zur mittelalterlichen Geschichte. Hg. v. Heinrich Sproemberg und Hellmut Kretzschmar, Berlin 1956, Bd. I, S. 133ff.

Codex Augusteus oder Neuvermehrtes Corpus Iuris Saxonici. Leipzig 1724ff.

Dame, C., Die Entwicklung des ländlichen Wirtschaftslebens in der Dresden-Meißner Elbtalgegend. Leipzig 1911.

Demmering, G., Die Glauchau-Meeraner Textilindustrie. Diss., Würzburg 1928.

Diskussionsbeiträge zur Periodisierung des Feudalismus und Kapitalismus in der geschichtlichen Entwicklung der UdSSR. In: „Sowjetwissenschaft“, Beiheft 20, hg. v. J. Kuczynski und W. Steinitz, Berlin 1952.

Drushinin, N., Zur Periodisierung der Geschichte der kapitalistischen Verhältnisse in Rußland (vgl. Diskussionsbeiträge usw. S. 54ff.).

Eckert, E., Chronik von Glauchau. 1882.

Engels, F., Der deutsche Bauernkrieg. Berlin 1946.

Derselbe, Über den Verfall des Feudalismus und das Aufkommen der Bourgeoisie. In: Marx-Engels-Lenin-Stalin, Zur deutschen Geschichte. Bd. 1, Berlin 1953, S. 157ff.

Derselbe, Zur Geschichte und Sprache der deutschen Frühzeit. Berlin 1952. Darin: Die Mark, S. 155ff.

Falke, J., Geschichte des Kurfürsten August in volkswirtschaftlicher Beziehung. Leipzig 1868.

Flach, W., Die Bannmeile der thüringischen Städte. In: „Zeitschrift des Vereins für thüringische Geschichte und Altertumskunde“, N. F., Bd. 34 S. 177ff. 1940.

Derselbe, Land und Städte in Thüringen. In: Deutsches Städtebuch. Hg. E. Keyser, II, 1941, S. 255ff.

Franz, G., Der deutsche Bauernkrieg. Darmstadt 1956[4].

Fröbe, W., Herrschaft und Stadt Schwarzenberg bis zum 16. Jh. Schwarzenberg 1930.

Furger, F., Zum Verlagssystem als Organisationsform des Frühkapitalismus im Textilgewerbe. In: „Vierteljahresschrift für Sozial- und Wirtschaftsgeschichte“, Beiheft 11, 1927.

Görlitz, W., Staat und Stände unter den Herzögen Albrecht und Georg (Sächs. Landtagsakten I). Leipzig — Berlin 1928.

Hähnsen, F., Die Entwicklung des ländlichen Handwerks in Schleswig-Holstein. In: „Quellen und Forschungen zur Geschichte Schleswig-Holsteins“, Bd. 9, Leipzig 1923.

Haun, F. J., Bauern und Gutsherr in Kursachsen. Straßburg 1892.

Heitz, G., Gründung, Kapazität und Eigentumsverhältnisse der Chemnitzer Bleiche 1357 bis 1471. In: „Vom Mittelalter zur Neuzeit", Festschrift für Heinrich Sproemberg, Forschungen zur mittelalterlichen Geschichte. Hg. v. Heinrich Sproemberg und Kretzschmar, Hellmuth Bd. I, Berlin 1956, S. 240ff.

Derselbe, Dorfweber und Sozialstruktur in Langhennersdorf. In: „Beiträge zur Landesgeschichte und Heimatkunde", Festschrift für Rudolf Lehmann, Weimar 1958, S. 170ff.

Derselbe, Zu einigen wirtschaftsgeschichtlichen Fragen der frühbürgerlichen Revolution in Deutschland. In: Wiss. Ztschr. der Univers. Rostok, ges.- und sprachwiss. Reihe 9. Jg., 1959/60, H. 1, S. 107—109.

Helbig, H., Quellen zur älteren Wirtschaftsgeschichte Mitteldeutschlands. In: Quellen zur mitteldeutschen Landes- und Volksgeschichte, H. 2, 5 Teile, Weimar 1952ff.

Hildebrandt, B., Aus der Vergangenheit und Gegenwart der deutschen Leinenindustrie. In: „Jahrbücher für Nationalökonomie und Statistik", Bd. 13, S. 1ff. 1869.

Hoetzsch, O., Die wirtschaftliche und soziale Gliederung vornehmlich der ländlichen Bevölkerung im meißnisch-erzgebirgischen Kreise Kursachsens. Leipzig 1900.

Hofmann, C., Die Hausweberei in Oberfranken. In: „Heimarbeit und Verlag in der Neuzeit", hg. v. Paul Arndt, H. 12, Jena 1927.

Hoffmann, C. S., Historische Beschreibung der Stadt, des Amts und der Dioces Oschatz. Oschatz 1813/1817, 2. Aufl. 1872/1876.

Jagen, K., Die Thüringische Landesordnung von 1446. Phil. Diss., Leipzig 1951 (ungedr.).

Jakowlew, B., Entstehung und Entwicklungsstufen der kapitalistischen Formen in Rußland. (Vgl. Diskussionsbeiträge usw., S. 286ff.).

Jahn, G., Zur Gewerbepolitik der deutschen Landesfürsten. Phil. Diss., Leipzig 1909.

Kellenbenz, H., Die unternehmerische Betätigung der verschiedenen Stände während des Übergangs zur Neuzeit. In: „Vierteljahresschrift für Sozial- und Wirtschaftsgeschichte", Bd. 44, Auflage S. 13ff., 1957.

Kötzschke, R., Grundzüge der deutschen Wirtschaftsgeschichte. Leipzig 1923.

Derselbe, Allgemeine Wirtschaftsgeschichte des Mittelalters. Leipzig 1924.

Derselbe, Artikel „Bauer, Bauerngut und Bauernstand", in: Handwörterbuch der gesamten Staatswissenschaft, Bd. 2, 1924[4], S. 362ff.

Derselbe, Staat und Bauerntum im thüringisch-obersächsischen Raum. In: Adel und Bauern im deutschen Staat des Mittelalters, hg. v. Th. Mayer, 1943, S. 267ff.

Derselbe, Die Landesverwaltungsreform im Kurstaate Sachsen unter Kurfürst Moritz 1547/48. In: „Zs. des Vereins für thüringische Geschichte und Altertumskunde", N. F. Bd. 34 (1940), S. 191ff.

Kötzschke, R., Ländliche Siedlung und Agrarwesen in Sachsen, hg. v. H. Helbig. In: „Forschungen zur Deutschen Landeskunde", Bd. 77, Remagen 1953.

Derselbe und *Kretzschmar*, Sächsische Geschichte. Werden und Wandlungen eines Deutschen Stammes und seiner Heimat im Rahmen der Deutschen Geschichte, I. Bd.: Vor- und Frühgeschichte, Mittelalter und Reformationsgeschichte, Dresden, o. J. (1935).

Krebs, K., Das sächsische Landhandwerk zur Zeit Luthers. In: „Wiss. Beilage der Leipziger Zeitung", 1896, Nr. 553.

Krebs, W., Die Entwicklung der Glauchauer Textilindustrie bis zum Jahre 1870. Diss., Frankfurt (Main) 1925 (ungedr.).

Kuczynski, J., Allgemeine Wirtschaftsgeschichte von der Urzeit bis zur sozialistischen Gesellschaft, Berlin 1951².

Derselbe, Weiße Flecke in der Wirtschaftsgeschichte. In: Fortschrittliche Wissenschaft. Berlin 1951.

Kunze, A., Die nordböhmisch-sächsische Leinwand und der Nürnberger Großhandel. In: „Forschungen zur sudetendeutschen Heimatkunde", H. 1, Reichenberg 1926.

Derselbe, Die Baumwollversorgung der Chemnitzer Barchentweberei im 16. Jh. In: „Mitteilungen des Vereins für Chemnitzer Geschichte", Bd. 27, 1930.

Derselbe, Aus der Frühzeit der Westsächsischen Textilindustrie. In: „Heimat, Monatsschrift des Altertumsvereins für Frankenberg und Umgebung", Bd. X, 1931, XI, 1932, XIV, 1935.

Derselbe, Die Entwicklung der Produktivkräfte und der Produktionsverhältnisse in Chemnitz in der ersten Hälfte des 16. Jh. unter besonderer Berücksichtigung der Einflüsse des oberdeutschen Handelskapitals. In: „Beiträge zur Heimatgeschichte von Karl-Marx-Stadt", H. 4, 1955, S. 19ff.

Derselbe, Der Frühkapitalismus in Chemnitz. In: „Beiträge zur Heimatgeschichte von Karl-Marx-Stadt", Nr. 7 (1958).

Langer, J., Heimatkundliche Streifzüge durch Fluren und Orte des Erzgebirges und seines Vorlandes. 1931.

Derselbe, Die Freiberger Bannmeile und die alten, in Freiberg gebräuchlichen Längenmaße. In: „Mitteilungen des Freiberger Altertumsvereins", Bd. 65, S. 28 ff., 1935.

Leipoldt, J., Landesherrschaft und Städte im Lande Sachsen. In: Deutsches Städtebuch, hg. E. Keyser, II, 1941, S. 6ff.

Lenin, W. I., Die Entwicklung des Kapitalismus in Rußland. In: „Werke" (dt.), Bd. 3, Berlin 1956.

Löscher, H. und *Strehle, J.*, Geschichte der Stadt Lunzenau. Burgstädt 1933.

Lütge, F., Die mitteldeutsche Grundherrschaft. 1934, 1957².

Derselbe, Deutsche Sozial- und Wirtschaftsgeschichte. 1952.

Mariaux, F., Die Wirtschaftspolitik des deutschen Reiches im 16. Jh. Diss., Köln 1921 (ungedr.).

Märker, G., Geschichte von Großhartmannsdorf. 1832.

Margraf, B. O., Der ländliche Gewerbezwang in Sachsen zu Beginn der Neuzeit. In: „Neues Archiv für sächsische Geschichte" Bd. 30 S. 110ff. (1909).

Marx, K., Kritik der Politischen Ökonomie. Berlin 1951.
Derselbe, Kapital, Bd. I—III, Berlin 1955.
Derselbe, Formen, die der kapitalistischen Produktionsweise vorhergehen. Berlin 1952.
Marx, K.-Engels, F., Die Deutsche Ideologie. Berlin 1953.
Marx-Engels, Briefwechsel, 4 Bde., Berlin 1950.
Marx-Engels, Ausgewählte Schriften. 2 Bde., Berlin 1950.
Marx-Engels-Lenin-Stalin, Zur deutschen Geschichte. Bd. 1, Berlin 1953.
Mating-Stammler, A., Zur Geschichte des Handwerks der Leinen- und Zeugweber in Frankenberg (Realschule Frankenberg P 1878, Beilage).
Derselbe, Der Kampf der kursächsischen Leineweber um die Ehrlichkeit ihres Handwerks (Realschule Rochlitz, P 1879).
Mehring, F., Deutsche Geschichte vom Ausgang des Mittelalters. Berlin 1947.
Mentz, G., Johann Friedrich der Großmütige. 3 Teile, Jena 1903ff.
Mottek, H., Wirtschaftsgeschichte Deutschlands. Bd. 1, Berlin 1957.
Ortsverzeichnis Historisches Ortsverzeichnis von Sachsen. Bearb. v. Karlheinz Blaschke, Leipzig 1957.
Pankratowa, A., Die Rolle der Warenproduktion beim Übergang vom Feudalismus zum Kapitalismus. In: „Sowjetwissenschaft", 1954, S. 422ff.
Patze, H., Recht und Verfassung thüringischer Städte. Weimar 1955.
Pfau, O., Alte Rochlitzer Handwerke. In: „Rochlitzer Heimatgrüße", Wiss. Monatsbeilage des Rochlitzer Tageblattes, 1928, Nr. 6.
Derselbe, Die alte Rochlitzer Bleiche und Färberei. In: „Rochlitzer Tageblatt", 1926, Nr. 37.
Pietsch, E., Wechsellagen der Landwirtschaft im Meißner Kreise während des 16. und 17. Jh. Math.-nat. Diss., Göttingen 1951 (ungedr.).
Rentsch, R., Geschichte der Stadt Oederan. 1927.
Samsonowicz, H., Das Landhandwerk in Polen. 1954, mit frz. und russ. Resumée.
Sieber, S., Vorschläge zu einer Wirtschaftsgeschichte des Erzgebirges. In: „Neues Archiv für Sächsische Geschichte", Bd. 61, S. 216ff., 1940.
Schilfert, G., Engels Schrift vom Bauernkrieg und die Quellen seiner Geschichtsauffassung. Phil. Diss., Halle 1948 (ungedr.).
Schlechte, H., Die Staatsreform in Kursachsen 1762—1763. Quellen zum Kursächsischen Retablissement nach dem siebenjährigen Kriege. Schriftenreihe des Sächsischen Landeshauptarchivs im Auftrage der Staatlichen Archivverwaltung im Ministerium des Innern. Hg. v. H. Kretzschmar, Nr. 5, Berlin, 1958.
Schlesinger, W., Das Schönburgische Amt Glauchau im 16. Jh. In: „Schönburgische Heimatblätter", H. 10, 1937.
Schmidt, R., Die kursächsischen Ämter im Bereiche des Muldetales von der Mitte des 16. bis zum Anfang des 18. Jh. Phil. Diss., Leipzig 1913.
Schulze, O. E., Die Kolonisierung und Germanisierung der Gebiete zwischen Saale und Elbe. 1896.

Schumann-Schiffner, Vollständiges Staats-, Post- und Zeitungslexikon von Sachsen. 18 Bde., Zwickau 1814 ff.

Skalweit, A., Handelndes und Verlegtes Handwerk. In: „Studien und Berichte des Instituts für Handwerkswirtschaft an der Universität Frankfurt am Main". Studie 17/18, 1954, Maschschr. vervielf.

Derselbe, Das Dorfhandwerk vor Aufhebung des Städtezwangs. 1942.

Derselbe, Vom Werdegang des Dorfhandwerks. In: „Zs. für Agrargeschichte und Agrarsoziologie", Jg. 2 (1954), S. 1ff.

Stalin, J. W., Über historischen und dialektischen Materialismus. Berlin 1959.

Derselbe, Der Marxismus und die Fragen der Sprachwissenschaft. Berlin 1955.

Derselbe, Ökonomische Probleme des Sozialismus in der UdSSR. Berlin 1959.

Stoy, F., Zur Bevölkerungs- und Sozialstatistik kursächsischer Kleinstädte im Zeitalter der Reformation. In: „Vierteljahresschrift für Sozial- und Wirtschaftsgeschichte", Bd. 28, S. 209 ff. 1935.

Uhle, P., Die Unruhen im Erzgebirge während des Bauernkrieges. In: „Das Erzgebirge", Bd. 3, H. 1, Annaberg 1898.

Wege, E., Die Zünfte als Träger wirtschaftlicher Kollektivmaßnahmen. In: „Vierteljahresschrift für Sozial- und Wirtschaftsgeschichte", Beiheft 20, 1930.

Wuttke, R., Gesindeordnungen und Gesindezwangsdienste in Sachsen bis zum Jahre 1935. In: „Staats- und sozialwissenschaftliche Forschungen", hg. von G. Schmoller, Bd. XII, H. 4, 1893.

Zöllner, C. W., Geschichte der Fabrik -und Handelsstadt Chemnitz von den ältesten Zeiten bis zur Gegenwart. 1888

Zöllner, R., Die Anfänge der Chemnitzer Industrie. In: „Mitteilungen des Vereins für Chemnitzer Geschichte", III, 1876.

TABELLENVERZEICHNIS

FSC
www.fsc.org
MIX
Papier | Fördert
gute Waldnutzung
FSC® C083411

Kolibri 360 GmbH
Ferdinand-Jühlke-Straße 7
99095 Erfurt, Deutschland
produktsicherheit@kolibri360.de